RECHERCHES
SUR
LA CONSTRUCTION LA PLUS AVANTAGEUSE
DES DIGUES.

Ouvrage pour servir de suite à la seconde Partie de l'Architecture Hydraulique de M. BELIDOR.

RECHERCHES
SUR
LA CONSTRUCTION LA PLUS AVANTAGEUSE
DES DIGUES:

Ouvrage qui a remporté le Prix quadruple proposé par l'Académie Royale des Sciences, Inſcriptions & Belles-Lettres de Toulouſe, pour l'année 1762.

Par M. l'Abbé BOSSUT, *Profeſſeur Royal de Mathématiques aux Ecoles du Génie; Correſpondant de l'Académie Royale des Sciences de Paris.*

ET

Par M. VIALLET, *ſous-Inſpecteur des Ponts & Chauſſées de la Province de Champagne, Membre de la Société Littéraire de Châlons-ſur-Marne.*

A PARIS, RUE DAUPHINE,

Chez CHARLES-ANTOINE JOMBERT, Libraire du Roi pour l'Artillerie & le Génie, à l'Image Notre-Dame.

M. DCC. LXIV.

RECHERCHES
SUR
LA CONSTRUCTION LA PLUS AVANTAGEUSE
DES DIGUES.

I.

L'ACADÉMIE Royale des Sciences, Inſcriptions & Belles-Lettres de Toulouſe propoſe pour ſujet du Prix quadruple qu'elle doit adjuger en 1762, le Problême ſuivant :

Déterminer la direction & la forme la plus avantageuſe d'une Digue, pour qu'elle réſiſte avec tout l'avantage poſſible aux efforts des eaux, en ayant égard aux diverſes manieres dont elles tendent à la détruire.

Ce ſujet propoſé ainſi généralement comprend une des branches les plus étendues & les plus importantes de l'Architecture hydraulique. Nous nous ſommes efforcés de le traiter avec tout le ſoin qu'il mérite. Non contents de donner la ſolution théorique de chaque problême, & d'en faire l'application à la pratique, nous ſommes encore entrés dans les détails mêmes de la conſtruction. On ſent bien que ce qui concerne ce dernier objet, ne peut pas être auſſi neuf que le reſte : cependant nous croyons pouvoir aſſurer qu'on y trouvera pluſieurs choſes qu'on chercheroit vainement ailleurs.

I I.

On appelle généralement *digue* tout obſtacle oppoſé à l'effort que fait un fluide pour ſe répandre. En ce ſens, il y a des digues *naturelles* & des digues *artificielles*. On comprend aſſez qu'il ne s'agit ici que de ces dernieres ; & alors une digue eſt un ſolide formé de terre ou de pierre, de charpente ou de faſcinage, ſouvent de pluſieurs de ces matieres, ou même de toutes enſemble, destiné à arrêter, quelquefois aussi à détourner & à rejetter d'un autre côté les eaux d'un ruisseau, d'un fleuve, ou de la mer.

Les digues prennent, relativement à leur objet & suivant les matériaux dont elles sont composées, les noms de chaussées, quais, turcies, levées, battes, glacis, reversoirs, jettées, moles, épis, batardeaux, &c; sur quoi il est bon de remarquer que plusieurs de ces dénominations sont synonimes, le même ouvrage changeant souvent de nom d'une Province à l'autre. On traitera séparément de chacune des digues qui different essentiellement par leur but & par leur construction, & on s'attachera à généraliser les méthodes de maniere qu'elles soient applicables aux especes de digues qui n'ont pas paru mériter qu'on en fît des articles particuliers.

CHAPITRE PREMIER.

Des Chaussées d'Etang.

III.

LES digues les plus simples & les plus ordinaires sont les chaussées destinées à arrêter & à faire gonfler les eaux d'un ruisseau, afin d'en former un étang.

Comme les principes pour la construction de ces sortes de digues peuvent s'appliquer à presque toutes les autres, nous les allons exposer dans le plus grand détail.

IV.

Les causes qui tendent à détruire une chaussée sont, 1°. le frottement des eaux contre son parement. 2°. Leur filtration. 3°. Leur pression. Elle résiste aux deux premieres par le choix & l'arrangement des matériaux dont elle est composée, & à la troisieme par sa pesanteur, sa forme & ses dimensions. Commençons par ce qui a rapport à la construction.

V

Lorsqu'on est à portée d'avoir de la pierre & de la chaux, & qu'un étang est destiné d'ailleurs à faire aller une usine de quelque conséquence adossée contre sa chaussée, on ne doit pas héſiter à conſtruire cette chauſſée en maçonnerie. Comme les murs de quai & les reſervoirs ſont les plus importans des ouvrages qui ſe conſtruiſent en maçonnerie pour contenir & diriger les eaux, & que ce que nous dirons de leur conſtruction peut facilement s'appliquer aux chauſſées d'étang en maçonnerie, relativement au plus ou moins de ſolidité dont elles ont beſoin, il nous a paru inutile d'entrer ici dans aucun détail à cet égard.

V I.

Les chauſſées d'étang en maçonnerie étant fort coûteuſes, ſur-tout lorſque la mauvaiſe qualité du terrein exige qu'on fonde ſur pilotis, l'uſage ordinaire eſt de faire ces chauſſées en terre avec un revêtement à pierres ſeches du côté de l'eau. La terre avec laquelle on forme les chauſſées doit être à peu près de la nature de celle des prairies. On doit ſur-tout rejetter la terre molle & fangeuſe qui prend un trop grand talut. Le ſablon fin eſt, par une raiſon contraire, ſujet au même inconvénient. Plus les terres ſe rapprochent d'un juſte milieu entre ces deux extrêmités vicieuſes, plus elles ſont propres à former une chauſſée, & en général toute eſpece de remblai. Quelle que ſoit leur qualité, il faut les répandre également & les battre à la dame par lit d'un pied d'épaiſſeur au plus. Lorſqu'elles ſont ſeches, il convient de les arroſer modérément, afin de leur faire prendre plus vîte leur taſſement.

Quand la terre que le pays fournit n'a pas une tenacité ſuffiſante pour empêcher la filtration des eaux, on met dans toute la longueur de la chauſſée immédiatement derriere le revêtement en pierres ſeches, un corroi de glaiſe marqué ABCD au profil, & qu'il faut faire entrer de 2 ou 3 pieds en contrebas du terrein naturel EF. On met un pareil corroi autour de la buſe qui ſert de décharge de fond à l'étang. La glaiſe doit être nette & bien corroyée, & ne doit ſur-tout pas être trop détrempée. Il eſt avantageux dans tous les cas de ne mettre l'eau dans l'étang que quelque tems après la perfection de la chauſſée; mais cette précaution devient indiſpenſable, lorſqu'on ſoupçonne que le corroi a été trop delayé. FIG. 1.

On ne doit pas aſſeoir le remblai ſur le gazon EF, mais il faut labourer ou becher le terrein afin que la nouvelle terre faſſe liaiſon avec l'ancienne. C'eſt auſſi pour cela qu'un aqueduc en maçonnerie, ſous une chauſſée, eſt ſujet à moins d'inconvéniens qu'une buſe de charpente, parce que la terre ſe lie mieux avec

les inégalités de la maçonnerie qu'avec le bois. Mais lorsqu'on se trouve obligé de faire une buse de charpente, ou en général de faire traverser un corroi de glaise par une piece de bois, il est à propos de hacher & raper le bois à sa superficie. Cette précaution trop négligée jusqu'à présent, pourra paroître minutieuse; mais nous en garantissons l'importance & le succès d'après notre propre expérience.

VII.

Le revêtement en pierres seches, qui se construit du côté de l'étang, a pour objet de soutenir les terres auxquelles on ne donne pas ordinairement tout le talut qu'elles prendroient d'elles-mêmes, & il sert d'ailleurs à les garantir du frottement occasionné par l'agitation de eaux; il conviendroit, pour plus de solidité, que son parement intérieur fût à-plomb suivant la ligne BC; mais pour épargner la pierre, lorsqu'elle est rare, on fonde ce revêtement
Fig. 2. par redants, comme BOPR. On se contente même quelquefois d'un simple parement (Fig. 2). Mais il faut toujours asseoir le pied de ces revêtemens sur le terrein solide, ou sur un grillage de charpente, si le solide se trouve trop bas. On doit aussi tenir les
Fig. 1 & 2. joints de lit des pierres du parement NF perpendiculaires sur cete ligne. Il est bien vrai que par ce moyen l'eau s'introduit plus facilement dans la chaussée; mais cet inconvénient est plus que compensé par la solidité que ce genre de construction donne au parement. Il faut cependant que l'assise de libages qui le porte ait son lit inférieur de niveau, le lit supérieur étant toujours perpendiculaire au talut. Le tout est marqué dans les figures 1 & 2.

Dans le cas où l'on auroit facilement des moilons d'un bel échantillon, susceptibles par conséquent d'être esmillés à joints quarrés, & d'être conduits par assises égales, on peut les poser de niveau sur leur lit avec retraite à chaque assise, ainsi qu'il est
Fig. 3. marqué dans la figure 3. On voit par cette même figure qu'il faut aussi garnir en moilon posé à sec le derriere de ce parement, de façon que l'épaisseur entiere du revêtement soit au moins de deux pieds & demi. Cette espece de construction exige moins de talut que les perés blacaillés; ce qui a quelquefois son avantage, comme lorsque la chaussée destinée en même tems à servir de chemin, a plus de largeur par le haut qu'il ne lui faut d'épaisseur pour soutenir la poussée de l'eau, mais on ne trouve pas par-tout des matériaux qui y soient propres.

On fortifie souvent le parement exposé à l'eau & même tous les

les deux, par une rangée de pieux derriere lesquels on met de gros libages, des madriers ou des fascines. Quelquefois on se contente de revêtir le parement d'un simple fascinage. Nous aurons occasion de parler dans la suite de ces différentes constructions : il suffit pour le présent de remarquer que le parement d'une chaussée d'étang n'étant pas exposé au choc des eaux courantes, il exige communément moins de solidité que les ouvrages de même genre qui se font sur les rivieres.

VIII.

Il est indispensable pour l'écoulement du surplus des eaux de l'étang, lorsqu'il est une fois rempli, de pratiquer à un ou même à chacun des deux bouts de la chaussée, une décharge de superficie appellée communément *glacis*. Comme nous traiterons en détail des reversoirs qui se font sur les grandes rivieres, il sera aisé d'en déduire des principes de construction pour les glacis d'étang, dont la solidité doit plus ou moins approcher de celle des reversoirs des rivieres, suivant la quantité & la rapidité de l'eau qui doit y passer.

Il est toujours fort utile de paver le dessus de la chaussée & de la bomber vers son milieu, afin de faciliter l'écoulement des eaux pluviales qui détruisent beaucoup de chaussées, lorsqu'on néglige cette précaution.

IX.

Tels sont les principaux moyens qu'il faut mettre en œuvre pour lier parfaitement ensemble toutes les parties de la chaussée, de maniere qu'elles ne fassent plus, pour ainsi dire, qu'un corps continu. Examinons maintenant l'épaisseur & la forme qu'elle doit avoir pour résister à la pression des eaux. Le calcul doit être établi sur l'une ou l'autre des deux hypotheses suivantes.

1°. On peut considérer la digue comme un corps absolument continu que la pression des eaux tend à renverser, en le faisant tourner sur l'angle postérieur de sa base regardé comme fixe.

Cette maniere de considérer l'effort des eaux contre une digue, est principalement applicable à celles qui se construisent en maçonnerie, sur-tout lorsque la maçonnerie a une fois pris corps.

2°. La digue peut être regardée comme un solide inébranlable dans ses fondemens, mais qui ne résiste pas également sur toute sa hauteur, & qui tend à se diviser par tranches horizontales ; ensorte qu'il s'agit de déterminer la figure & les dimensions que doit avoir cette même digue relativement aux différentes charges d'eau qu'elle soutient à différentes profondeurs.

Cette seconde hypothese convient sur-tout aux digues qui seroient construites entierement en terre.

On pourroit encore regarder les digues comme ne pouvant être ni rompues, ni renversées, mais comme devant glisser d'une seule piece, de sorte qu'elles ne demeureroient stables qu'en vertu de la résistance occasionnée par le frottement de leur base contre le sol sur lequel elles seroient posées ; mais au moyen des précautions que nous avons indiquées (Art. VI), & de l'attention qu'on doit avoir de fonder solidement les digues & de les encaisser dans le terrein sur lequel on les établit, il est entierement inutile de les considérer sous ce point de vue. Cependant si quelque Lecteur vouloit faire ce calcul, il en viendroit facilement à bout, en observant qu'on auroit alors ces deux conditions à remplir. En premier lieu la force horizontale qui tend à faire reculer la digue, devroit être égale à la résistance du frottement qui est toujours, comme on sçait, une certaine partie de la pression totale que souffre le fond sur lequel la digue tendroit à glisser. Secondement le moment de la force horizontale, par rapport à l'angle postérieur de la base sur lequel se fait la rotation au premier instant, seroit égal au moment de toutes les forces verticales, par rapport au même angle. Il suffit d'indiquer cette méthode.

---

§. I. *Dimensions de la Digue, dans la premiere hypothese.*

X.

Fig. 4 Supposons que FHNSE soit le profil de la digue regardée comme un solide dont toutes les parties sont liées & continues, HK le niveau des eaux qui tendent à la renverser en la faisant tourner sur le point E considéré comme fixe ; soient FHN, SE des lignes quelconques droites ou courbes, mais données. Il s'agit de trouver l'épaisseur FE que la digue doit avoir à son pied, afin de n'être pas renversée.

Il est évident que dans le cas où les terres au devant de la fondation du parement d'amont ne joindroient pas parfaitement ce parement, l'eau s'insinueroit dans ce vuide & presseroit la digue en cet endroit suivant toute la hauteur de son niveau au dessus du fond de l'affouillement. Ainsi, pour plus de sûreté, il faut compter la profondeur des eaux depuis la naissance de la fondation, jusqu'au niveau des plus hautes eaux.

Qu'on mene à l'axe horizontal HK les ordonnées infiniment voisines PM, *pm*; & qu'on abaisse des points H & M les verticales HT, MX. Soit tirée l'horizontale ML, & soit élevée la verticale EL.

Supposons	HP	$= x$
	PM	$= y$
	P*p* ou MV	$= dx$
	V*m*	$= dy$
	M*m*	$= ds$
	HT	$= a$
	FT	$= f$
	FE	$= z$
	Le moment de l'aire FHNSE par rapport au point E	$= Z$
	La pesanteur spécifique de l'eau	$= p$
	La pesanteur spécifique de la digue	$= \pi$

On sçait que chaque élément M*m* souffre une pression perpendiculaire, laquelle est proportionnelle à la hauteur PM. Soit représentée cette force par la droite RM perpendiculaire à M*m*, & soit décomposée cette même force en deux autres RQ, RY, l'une horizontale, l'autre verticale. La premiere RQ est . . $pyds \times \frac{RQ}{RM}$: or les deux triangles RQM, *m*VM ayant les côtés perpendiculaires chacun à chacun, & étant par conséquent semblables, on a $\frac{RQ}{RM} = \frac{Vm}{Mm} = \frac{dy}{ds}$; donc la force RQ est . . . $pyds \times \frac{dy}{ds} = pydy$. D'où l'on voit que cette force sera toujours la même que la force contre V*m*, quelle que puisse être la courbe HF. Le moment de cette même force, par rapport au point E, est $pydy \times LE = pydy \times (a - y) = paydy - pyydy$, dont l'intégrale est $\frac{payy}{2} - \frac{py^3}{3}$: supposant $y = a$, il nous viendra $\frac{pa^3}{6}$ pour le moment total de la pouſſée horizontale de l'eau par rapport au point E, & par conſéquent ce moment ſera toujours le même que le moment de la pouſſée horizontale de l'eau contre la verticale FK. La ſeconde force RY ou QM, eſt . . . .

$pyds \times \frac{MQ}{RM} = pyds \times \frac{dx}{ds} = pydx$. Cette force conſpire, avec le poids de la digue, à affermir cette même digue ſur ſes fondemens; & ſon moment par rapport au point E, eſt . . . $pydx \times XE = pydx \times (z - f + x)$. Donc le moment de la pouſſée verticale entiere de l'eau, par rapport au point E, ſera $\int (z - f + x) pydx$. Lorſque cette intégration ſera effectuée, après avoir exprimé x en y à l'aide de l'équation de la courbe connue FH, il faudra ſuppoſer $y = a$, afin d'avoir le moment de la pouſſée verticale de l'eau, correſpondant à toute la hauteur HT.

Maintenant il eſt clair que le moment de la pouſſée horizontale de l'eau qui tend à renverſer la digue, doit être contrebalancé par la ſomme des momens de la pouſſée verticale de l'eau & du poids même de la digue, ou par le *moment unique* qui en réſulte. Ce moment unique conſtitue la *ſtabilité* de la digue ſur ſon pied FE. Comme il convient toujours de donner plus de ſtabilité à la digue, qu'il ne faut pour le ſimple équilibre, on n'aura qu'à multiplier par un nombre m de fois le moment de la pouſſée horizontale de l'eau, & égaler le produit à la ſomme des momens de la pouſſée verticale & du poids de la digue, ce qui donnera l'équation ſuivante.

$$(A) \frac{mpa^3}{6} = \int (z - f + x) pydx + nZ,$$

laquelle comprend tous les cas de ſtabilité; car ſi on veut, par exemple, que la ſtabilité de la digue ſoit ſuffiſante pour faire équilibre à la pouſſée horizontale de l'eau, on aura $m = 1$; ſi on veut que la ſtabilité de la digue ſoit double de la ſtabilité d'équilibre, on aura $m = 2$ &c. Nous n'avons pas beſoin de dire que Z eſt une fonction donnée de l'inconnue z.

X I.

L'équation générale (A) eſt ſuſceptible d'une infinité d'applications, ſuivant la nature des courbes qui forment les deux paremens. Elle préſente naturellement cette réflexion générale. Puiſque le moment de la pouſſée horizontale de l'eau eſt toujours le même, quelle que puiſſe être la courbure du parement d'amont HF, & que le moment de la pouſſée verticale augmente à meſure que HF s'incline ſur la baſe FE, il eſt clair que, toutes choſes d'ailleurs égales, il eſt avantageux de donner le plus de talut qu'il eſt poſſible au parement d'amont. De cette remarque naît l'idée d'un problême curieux, lequel conſiſteroit à trouver pour HF une courbe telle que l'aire FHNSE étant un *minimum*, la ſomme des momens de cette même aire & de la pouſſée verticale de l'eau fût un *maximum*. Ce problême eſt du même genre que ceux des iſoperimetres qui ont occupé ſi long-tems MM. *Bernoulli*, & pluſieurs autres Géometres. Il ſe réſoud très-aiſément par une méthode qu'on expoſera ci-deſſous dans l'article XXXVIII. Nous ne le donnons pas ici, parce que la pratique n'en ſauroit tirer aucun ſecours: nous nous bornons à la conſidération des taluts rectilignes.

XII.

Soient NF, SE deux lignes droites inclinées à l'horizon ſous des angles donnés NFT, SEQ, & ſuppoſons que NS ſoit une ligne droite horizontale. En conſervant ici la conſtruction & les dénominations de l'article X, ſoient de plus abaiſſées les verticales NZ, SQ, & faiſons $SQ = NZ = b$, $EQ = g$, $FZ = r$; on aura FIG. 5.

$x = \frac{fy}{a}$, à cauſe des triangles ſemblables HPM, FTH;

$$\int (z - f + x) py\,dx = \int \frac{f}{a}\left(z - f + \frac{fy}{a}\right) py\,dy = \frac{pfzyy}{2a} - \frac{pffyy}{2a} + \frac{pffy^3}{3a^2}$$

$= (\text{en faiſant } y = a)\ \frac{pfza}{2} - \frac{pffa}{6}$;

$$Z = (z - r - g) \times b \times \left(g + \frac{z - r - g}{2}\right) + \frac{br}{2} \times \left(z - \frac{2}{3} r\right) + \frac{bg}{2} \times \frac{2g}{3}$$

$$= \frac{bzz}{2} - \frac{brz}{2} + \frac{brr}{6} - \frac{bgg}{6}.$$

Par conſéquent l'équation générale (A) deviendra celle-ci, qui eſt du ſecond degré.

$$(B)\quad \frac{mpa^3}{6} = \frac{pfza}{2} - \frac{pffa}{6} + \frac{\Pi bzz}{2} - \frac{\Pi brz}{2} + \frac{\Pi brr}{6} - \frac{\Pi bgg}{6}.$$

Cette formule ſervira en général à déterminer la baſe z d'une digue dont les deux paremens ſont rectilignes & en talut.

Lorſque l'angle SEQ eſt droit, ou que le parement d'aval eſt vertical, on a $g = o$; & la formule devient

$$(C)\quad \frac{mpa^3}{6} = \frac{pfza}{2} - \frac{pffa}{6} + \frac{\Pi bzz}{2} - \frac{\Pi brz}{2} + \frac{\Pi brr}{6}.$$

Lorſque les deux paremens ſont verticaux, on a $r = o$, $g = o$; & la formule devient

$$(D)\ \frac{mpa^3}{6} = \frac{nbzz}{2}.$$

XIII.

Quoique nous ayons déja fait ſentir l'avantage des taluts, il ne ſera peut-être pas inutile de mettre ici la choſe dans la derniere évidence par un exemple.

Suppoſons que la plus grande hauteur des eaux ſoit de 18 pieds, que nous prenons auſſi pour la hauteur de la digue, enſorte que le point N tombe ſur le point H. Suppoſons de plus que les deux paremens ayent, ſuivant l'uſage ordinaire, chacun un talut qui ſoit $\frac{1}{6}$ de leur hauteur. Enfin ſuppoſons que les peſanteurs ſpécifiques de l'eau & de la maçonnerie ſoient entr-elles comme les nombres 7 & 12, & que la ſtabilité de la digue doive être double de celle que requiert l'équilibre. Sur toutes ces hypotheſes, on aura $a = b =$ 18 pieds, $r = f = g =$ 3 pieds, $p = 7$, $n = 12$, $m = 2$. Par conſéquent l'équation (B) deviendra ici

$$zz - \frac{45}{36} z = \frac{4599}{36}^{\text{pieds.}}$$

D'où l'on tirera z un peu moindre que 12 pieds. Suppoſons $z = 12$ pieds: la ſurface du profil ſera de 162 pieds quarrés.

Maintenant ſi les deux paremens étoient verticaux, on trouveroit que la baſe du profil, correſpondante auſſi à une ſtabilité double de celle que demande l'équilibre, ſeroit d'un peu plus de 11 pieds 2 pouces; ce qui donneroit plus de 201 pieds quarrés pour la ſurface du profil. D'où l'on voit que les deux ſurfaces des deux profils ſont entr'elles à peu près comme les nombres 4 & 5, & que par conſéquent dans le premier cas on épargne environ $\frac{1}{5}$ ſur les matériaux.

XIV.

Les calculs précédens ne laiſſent aucun doute ſur l'avantage qu'il y a à donner beaucoup de talut aux paremens des digues. Reſte à ſavoir juſqu'à quel point la pratique peut s'accorder à cet égard avec la théorie.

L'uſage pour les paremens en maçonnerie (car c'eſt de ceux-là qu'il s'agit ici), eſt de leur donner pour talut le ſixieme de leur hauteur. Les murs en aîle des ponts ſont cependant une preuve qu'on peut faire des taluts beaucoup moins roides, puiſque celui de leur dessus est communément d'une fois & demie la hauteur de ces murs. On remédie au trop de maigreur qu'un grand talut donne à l'angle formé par le parement des pierres & leur lit inférieur, en taillant ces pierres comme la figure 6 l'indique, ou ce qui est encore mieux, en les encastrant comme il est exprimé dans la figure 7. Il en résulte à la vérité un très-grand déchet de pierres. C'est pour éviter ce déchet & pour se procurer en même tems le plus de solidité qui provient d'un grand talut, qu'on fait quelque fois des revêtemens en pierres de taille, dont les joints sont à l'équerre sur le talut du parement. Il n'y a d'inconvénient à cette espece de construction, si avantageuse du côté de l'économie, que dans le cas où la pierre seroit spongieuse & sur-tout feuilletée; car l'eau s'insinue & coule beaucoup plus facilement entre les lames du feuilletis ainsi deversées en arriere, que si elles étoient posées horizontalement. FIG. 6 & 7.

---

§. II. *Figure & dimensions de la Digue, dans la seconde hypothese.*

X V.

Dans cette hypothese, comme dans la premiere, la digue est censée arrêtée fixement par son pied, de maniere qu'elle ne puisse pas glisser : mais ici elle est composée de tranches horizontales suivant lesquelles elle peut se diviser; & il s'agit de courber le parement d'amont de maniere que les différentes tranches résistent également aux différentes forces qui tendent à les emporter. Nous supposons, pour écarter tout ce qui est étranger à la question, que le parement d'aval soit à-plomb, & que la hauteur des eaux s'éleve à la hauteur de la digue.

Soient donc HFT le profil de la digue proposée ; HK le niveau des eaux ; HF la courbe cherchée qui doit former le parement d'amont ; la verticale HT le parement d'aval ; MN*nm* une tranche horizontale infiniment mince & indéterminée, suivant laquelle la digue tend à se rompre en vertu de l'effort des eaux sur HM. FIG. 8.

Cela posé, il est clair que lorsque la digue se rompt en effet, suivant MN, la partie supérieure HMN se détache de l'inférieure MNTF en allant de M vers N, & qu'à l'instant de la rupture il se fait autour du point N un petit mouvement de rotation. Il faut donc trouver les forces qui agissent sur la tranche MN*nm* & les mettre en équilibre autour du point N regardé comme l'appui d'un levier MNnm. Or ces forces ſont,

1°. La pouſſée horizontale de l'eau.

2°. La pouſſée verticale de l'eau.

3°. Le poids de la partie HMN de la digue.

4°. L'adherence des deux ſurfaces MN, mn, laquelle naît de l'engrenement de leurs parties. Cette force eſt analogue à la réſiſtance qu'une poutre, fixée dans un mur & preſſée par un poids, oppoſe à ſa rupture ; mais il faut bien remarquer qu'entre ces deux ſortes de forces il y a cette différence que les fibres d'une poutre ſont flexibles & extenſibles, ce qui fait qu'elle ne réſiſte pas également dans toute la ſection ſuivant laquelle elle ſe rompt, au lieu que l'adhérence des deux ſurfaces MN, mn de la digue étant produite par l'engrenement de parties dures & denuées de tout reſſort, doit être la même dans toute la longueur MN.

Des quatre forces dont nous venons de parler, il eſt évident que la premiere eſt la ſeule qui tende à renverſer la partie HMN ſur le point N, & qu'elle eſt contrebalancée par les trois autres. Cherchons donc les momens de toutes ces forces par rapport au point N. Or

Si l'on ſuppoſe
- HP ou NM . . . . $= x$
- PM . . . . $= y$
- La peſanteur ſpécifique de l'eau . . . . $= p$
- La peſanteur ſpécifique de la digue . . . . . $= \Pi$

1°. Le moment de la pouſſée horizontale de l'eau ſera $\frac{py^3}{6}$.

2°. Le moment de la pouſſée verticale ſera $\int pxydx$.

3°. Le moment de la partie HMN de la digue ſera $\int \frac{\Pi xxdy}{2}$.

4°. La force d'adhérence étant la même dans tous les points de la droite MN, comme nous l'avons remarqué, il eſt viſible que ſon moment, par rapport au point N, ſera proportionnel à $x \times \frac{x}{2}$: ſuppoſant donc que ſous une longueur donnée h, la force d'adhérence ſoit égale à un poids comme Q, & obſervant que comme il ne s'agit ici que de profils, ce poids Q peut être converti en une tranche quarrée d'eau qui ait pour côté la ligne connue K, le moment de la force propoſée ſera $\frac{pkk}{h} \times \frac{xx}{2}$, moment qui, comme l'on voit, eſt homogene à tous les autres.

Par

Par conséquent on aura par les loix de l'équilibre ....

$\frac{py^3}{6} = \int pxydx + \int \frac{\Pi xxdy}{2} + \frac{pkkxx}{2h}$, équation d'où il faut tirer la relation entre x & y.

X V I.

En différentiant les deux nombres de l'équation, on aura

$$\frac{pyydy}{2} = pxydx + \frac{\Pi xxdy}{2} + \frac{pkkxdx}{h},$$

ou bien, en supposant pour abréger $\frac{p}{\Pi} = n$, $\frac{pkk}{h\Pi} = N$,

$$\frac{nyydy}{2} = nxydx + \frac{xxdy}{2} + Nxdx;$$

ou bien encore:

$$nyydy = xxdy + (2ny + 2N)\, xdx.$$

Soit $2ny + 2N = z$, & par conséquent $dy = \frac{dz}{2n}$, $yy = \left(\frac{z - 2N}{2n}\right)^2$:

on aura la transformée $\frac{xxdz}{2n} + zxdx = \frac{dz}{2}\left(\frac{z - 2N}{2n}\right)^2$,

ou bien $xxdz + 2nzxdx = \frac{dz}{4n}(z - 2N)^2$.

L'équation étant ainsi préparée, on voit qu'elle seroit intégrable si n étoit $= 1$; mais comme n differe de l'unité, il s'agit de trouver une fonction de z qui multipliant toute l'équation, en rende le premier membre intégrable, car il est clair que le second le sera toujours, soit algébriquement, soit par les quadratures des courbes. Or on découvre par des méthodes connues, ou même par la simple habitude du calcul, que la fonction demandée est $z^{\frac{1}{n}-1}$; ainsi multipliant tous les termes par $z^{\frac{1}{n}-1}$, on aura

$$xxz^{\frac{1}{n}-1}dz + 2nz^{\frac{1}{n}}xdx = \frac{z^{\frac{1}{n}+1}dz - 4Nz^{\frac{1}{n}}dz + 4N^2z^{-\!-1}dz}{4n};$$

dont l'intégrale est $nxxz^{\frac{1}{n}} + A = \frac{z^{\frac{1+2n}{n}}}{4(1+2n)} - \frac{Nz^{\frac{1+n}{n}}}{1+n} + N^2 z^{\frac{1}{n}}$; ou bien en chassant z, $nxx(2ny + 2N)^{\frac{1}{n}} + A = \frac{(2ny+2N)^{\frac{1+2n}{n}}}{4(1+2n)} - \frac{N(2ny+2N)^{\frac{1+n}{n}}}{n+1} + N^2(2ny + 2N)^{\frac{1}{n}}$.

La constante A ajoutée en intégrant, doit être telle évidemment qu'on ait $y = o$, lorsque $x = o$; car alors le moment de la poussée horizontale de l'eau s'évanouit, & par conséquent les momens des autres forces doivent s'évanouir aussi.

Or cette supposition donne $A = \frac{(2N)^{\frac{1+2n}{n}}}{4(1+2n)} - \frac{N(2N)^{\frac{1+n}{n}}}{n+1} + N^2(2N)^{\frac{1}{n}}$. Ainsi l'équation exacte de la courbe cherchée sera

$$nxx(2ny+2N)^{\frac{1}{n}} + \frac{(2N)^{\frac{1+2n}{n}}}{4.(1+2n)} - \frac{N.(2N)^{\frac{1+n}{n}}}{1+n} + N^2(2N)^{\frac{1}{n}} = \frac{(2ny+2N)^{\frac{1+2n}{n}}}{4.(1+2n)} - \frac{N(2ny+2N)^{\frac{1+n}{n}}}{1+n} + N^2(2ny+2N)^{\frac{1}{n}}.$$

Cette courbe, quoique d'un genre assez élevé, est très-facile à décrire, puisque les indéterminées x & y se séparent d'elles-mêmes, & que pour avoir x en y, on n'aura à résoudre qu'une simple équation du second degré qui manque même de second terme. Le nombre constant n est le rapport connu des pesanteurs spécifiques de l'eau & de la digue. A l'égard de N, sa valeur doit être déterminée par l'expérience.

XVII.

Nous avons cru qu'on verroit avec plaisir la solution générale de ce problême; mais si on néglige la force d'adhérence qui ne fait d'ailleurs que concourir à la solidité de la digue, l'équation se simplifiera extrêmement, car alors $N = O$, & l'on a par conséquent $nxx(2ny)^{\frac{1}{n}} = \frac{(2ny)^{\frac{1+2n}{n}}}{4.(1+2n)}$. . . . . . .

d'où l'on tire aisément $x = y\sqrt{\frac{n}{1+2n}}$.

Cette équation fait voir que le parement d'amont HF est une ligne droite inclinée sur sa base FT, de maniere qu'on a

$FT : HT :: \sqrt{\frac{n}{1+2n}} : 1$.

Dans les digues en terre pour lesquelles cette formule convient principalement, comme nous l'avons dit, les pesanteurs spécifiques p & π sont pour l'ordinaire entr'elles à peu près comme les nombres 7 & 10, ensorte qu'on a ici $n = \frac{7}{10}$: donc la valeur du radical $\sqrt{\frac{n}{1+2n}}$ est à très-peu près $\frac{13}{24}$; donc $FT : HT :: 13 : 24$

à peu près. D'où l'on voit que, suivant la théorie, le profil d'une digue en terre doit être un triangle rectangle dont la base ait les $\frac{13}{24}$ de sa hauteur. C'est sur quoi nous observerons deux choses relativement à la pratique.

1°. Qu'un talut de moitié de la hauteur, qui ne suffiroit pas pour des terres abandonnées à elles-mêmes, conviendra parfaitement lorsque ce talut sera blocaillé d'après ce que nous avons dit (Art. VII). Il n'y auroit même aucun inconvénient à l'augmenter davantage, si on le jugeoit à propos. Ainsi la théorie & la pratique peuvent s'accorder parfaitement ensemble.

2°. Il est impossible que le parement de derriere de la digue se soutienne à-plomb, comme nous l'avons supposé dans la solution du problême, & il faut, si on ne le blocaille pas comme celui de devant, lui donner un talut qui varie, suivant le degré de fluidité des terres, entre 1 fois $\frac{1}{6}$ & 2 fois leur hauteur.

Comme il ne suffit pas de proportionner l'épaisseur à la pression & qu'il faut encore se garantir des filtrations, & comme il ne convient pas d'ailleurs de terminer une digue par une crête aiguë qui ne pourroit pas se soutenir long-temps, on ne peut se dispenser de donner à la digue, à son sommet, au moins deux pieds de largeur. Ce plus d'épaisseur & le talut du parement de derriere produiront ensemble l'excédent de résistance que la digue doit avoir sur l'effort qu'elle a à soutenir. On voit par là combien les chaussées d'étang qu'on a faites jusqu'à présent, & qui ne servent pas en même tems de chemin, ont trop d'épaisseur.

XVIII.

On observera, en finissant ce chapitre, que les chaussées étant ordinairement chargées d'une plus grande hauteur d'eau vers le milieu qu'aux extrêmités, l'épaisseur, suivant la théorie, devroit aussi être plus grande vers le milieu que vers les extrêmités : mais comme il y a bien des circonstances où la commodité & l'agrément demandent que les chaussées ayent une largeur uniforme, il faut pour lors leur donner par-tout la largeur qui a été trouvée pour la partie la plus chargée : l'inconvénient est d'autant moins grand, par rapport à la dépense, que les remblais ont toujours très-peu de hauteur dans les endroits où le calcul n'exigeroit qu'une très-petite épaisseur.

CHAPITRE II.

Des ouvrages qui se construisent le long des rivieres pour en garantir les berges & retenir les eaux dans leur lit.

XIX.

AVANT que de traiter en détail des différentes especes de digues exposées aux eaux courantes, nous ferons ici quelques observations générales sur les causes premieres qui rendent pour le moins inutiles, la plûpart des ouvrages de ce genre qu'on construit tous les jours à grands frais.

Tout est lié dans la nature, & ce qui est regardé comme la cause d'une chose, n'est que l'effet d'une autre cause qui a aussi la sienne. Cette dépendance se fait principalement remarquer dans les effets que les eaux d'une riviere produisent sur les bords & sur le fond de son lit. C'est toujours l'eau réfléchie qui agit, & il n'y a pas d'anse ou d'attérissement qui n'ait sa premiere cause dans une anse ou un attérissement supérieur, & toujours ainsi en remontant jusqu'au premier grain de sable qui se rencontre sur le chemin de l'eau à la sortie de la source. On ne doit pas même négliger l'examen de la partie inférieure du fleuve : il s'y trouve souvent des obstacles qui, sans contribuer aussi directement & aussi puissamment que les causes supérieures à l'incident auquel on veut remédier, y ont cependant une très-grande part.

Il ne faut pas croire pour cela qu'on ne puisse faire le moindre ouvrage sur le bord d'un fleuve, sans avoir remonté jusqu'à sa source & à celles de toutes les rivieres & de tous les ruisseaux qui s'y jettent : la nature & même les ouvrages d'art donnent souvent des points de repos auxquels on doit s'arrêter. Il seroit, par exemple, inutile de monter au-delà d'un canal formé par des rochers entre lesquels on est assuré que les eaux coulent uniformément depuis plusieurs siecles. Les murs de quai dont on revêtit les bords des rivieres qui traversent les grandes villes, & tous les autres ouvrages qui déterminent invariablement la direction des eaux à leur sortie, sont encore des points qui exemptent de pousser plus loin ses recherches. On doit seulement s'informer à ceux qui sont chargés de la direction de ces ouvrages supérieurs, s'ils n'y ont pas projetté des changemens qui, quoique légers en apparence, pourroient quelquefois rendre inutile tout ce qu'on construiroit au-dessous.

Ces considérations prouvent suffisamment combien il est de l'intérêt de ceux qui ont à se défendre des eaux, de ne pas s'en rapporter à des Praticiens bornés qui ne portent pas la vue audelà de l'endroit sur lequel on les consulte. Mais l'objet est encore d'une bien autre importance pour l'Etat, parce que tous ces ouvrages qui n'ont aucune liaison, ni aucun rapport les uns avec les autres, deviennent presque toujours autant d'obstacles à une navigation qui porteroit l'abondance dans tout le Royaume, & une nouvelle vie dans des Provinces entieres qui languissent faute de commerce.

SECTION I. *Des Murs de Quai.*

X X.

Il est certain qu'un bon mur de quai est l'obstacle le plus puissant qu'il y ait à opposer à la fureur des eaux, & que la meilleure maniere de fixer le lit d'un fleuve, est de l'enfermer entre deux de ces murs construits en bonne maçonnerie, revêtus en pierres de taille, établis solidement sur le ferme ou sur pilotis, & élevés au dessus des plus grandes crues.

La direction des murs de quai dépend souvent des circonstances locales, comme de la largeur des rues & de l'étendue des places qu'on veut conserver ou former au derriere, quelquefois même de la connoissance qu'on a du fonds du fleuve, car il y a souvent des langues de terrein ferme sur lesquelles on peut fonder beaucoup plus solidement & à bien moins de frais que sur d'autres très-mouvantes qui n'en sont pas pour cela fort éloignées. Mais toutes choses égales d'ailleurs, on doit, autant qu'on le peut, placer les murs de quai parallelement au fil de l'eau, parce qu'alors ils n'ont rien à souffrir de la part du choc de l'eau.

X X I.

La distance entre ces murs, c'est-à-dire la largeur du lit, doit être telle que dans les grandes crues, il n'en résulte aucun retardement qui fasse gonfler les eaux, & pour cela il faut tenir le débouché au moins aussi grand que celui des ponts au dessous, afin que les eaux s'écoulant aussi promptement qu'il est possible, ne refluent pas sur les quais & dans les rues par les ports & par les ouvertures qu'on fait aux murs de quai pour le passage des eaux étrangeres qui viennent se jetter dans la riviere.

Quelquefois les rivieres qui traversent les villes s'y partagent en

plusieurs bras, dont l'un plus profond que les autres sert à la navigation lors des basses eaux, pendant que ces derniers sont presqu'à sec. Mais s'il n'y avoit qu'un bras, & que l'eau, lorsqu'elle est basse, ne s'y trouvât pas assez profonde pour être navigable, il
Fig. 10. conviendroit de la resserrer par un faux mur de quai FAD. Dans e cas où le massif FADE deviendroit si considérable qu'il intercepteroit le passage à une trop grande quantité d'eau lors des crues, on peut faire un second canal FELI, & se contenter d'une digue LIAD. Cette espece de digue rentre dans la classe des jettées dont nous traiterons dans le troisieme Chapitre.

XXII.

Lorsqu'un mur de quai, ou en général tout ouvrage construit sur une eau courante, a son parement parallele au fil de l'eau, il ne souffre rien de son choc, comme nous l'avons déja dit, & il n'éprouve de plus que les chaussées d'étang, qu'un nouveau frottement occasionné par le mouvement de translation des eaux: mais lorsque le parement est exposé au courant, il souffre encore de plus le choc de ce courant. Toutes ces causes de destruction exigent qu'on donne aux ouvrages de ce genre plus de solidité qu'aux chaussées d'étang. Nous en prescrirons les moyens, lorsque nous aurons déterminé l'épaisseur que doivent avoir les murs de quai, en ayant égard tout à la fois à la pression, & au choc des eaux; & comme on sait déja faire entrer dans le calcul la pression des eaux, il ne reste plus qu'à expliquer ce qui regarde le choc.

XXIII.

Nous supposerons que toutes les molécules de l'eau se meuvent suivant des directions paralleles entr'elles, & avec la même vîtesse. Ces deux hypotheses ne sont pas vraies en rigueur; mais elles peuvent être admises sans craindre aucune erreur sensible dans la pratique.

Fig. 11. Soient CDFH la face du mur qui rencontre le lit de la riviere suivant DF, & qui est frappée par l'eau suivant la direction oblique RB; HFES la coupe verticale du mur élevée sur l'horizontale FE perpendiculaire à l'horizontale DF. Supposons que la hauteur des eaux, dans le tems des grandes crues, s'éleve à la hauteur entiere HT du mur, & que les deux paremens HF, SE ayent le même talut.

Cela posé, il est démontré que lorsqu'un fluide frappe obliquement un plan, l'impulsion qui en résulte perpendiculairement contre ce plan, est en raison composée du plan, du quarré de la vîtesse du fluide, & du quarré du sinus de l'angle d'incidence du même fluide sur le plan. Or si d'un point quelconque R du filet RB, on abaisse sur le plan CDFH la perpendiculaire RX, & qu'on mene dans le même plan la droite XB qui rencontre RB au point B, il est visible que prenant le sinus total pour l'unité, le sinus de l'angle d'incidence du fluide sur la face du mur, sera exprimé par $\frac{RX}{RB}$; donc en nommant V la vîtesse de l'eau, le choc perpendiculaire contre FH sera proportionnel à $FH \times V^2 \times \frac{\overline{RX}^2}{\overline{RB}^2}$.

Soit mené, suivant la direction du filet RB qu'on peut regarder comme horizontal, un plan horizontal qui rencontre la face du mur suivant l'horizontale AB, & par la droite RX soit mené un plan LKM*m*, auquel la droite AB soit perpendiculaire, & qui rencontre le plan horizontal passant par RB & par AB, suivant RO, & la face du mur suivant OX. Il est clair que l'angle ROX est égal à l'angle HFT du talut du parement d'amont, puisque les droites RO, XO sont évidemment perpendiculaires au même point O de l'horizontale AB. Or on a $RX = RO \times \mathit{sin.}\ ROX = RO \times \mathit{sin.}\ HFT$, & $RB = \frac{RO}{\mathit{sinus}\ RBO}$; donc $\frac{RX}{RB} = \mathit{sin.}\ HFT \times \mathit{sin.}\ RBO$; donc le choc contre HF sera encore proportionnel à . . . $FH \times V^2 \times (\mathit{sin.}\ HFT)^2 \times (\mathit{sin.}\ RBO)^2$.

Soient {

La verticale HT *ou* SQ	. . . .	$= a$
FT	. . . .	$= f$
EQ	. . . .	$= g$
FH	. . . . $= \sqrt{aa \times ff}$	$= c$
Le sinus total	. . . .	$= i$
Le sinus de l'angle HFT	. . . . . $= \frac{a}{c}$	$= q$
Le sinus de l'angle RBA	. . . . . .	$= r$
L'épaisseur FE du mur à son pied	. . . .	$= z$
La pesanteur spécifique de l'eau	. . . . .	$= p$
La pesanteur spécifique du mur	. . . . .	$= n$

Supposons de plus que sous une vîtesse donée v, l'impulsion *directe* de l'eau contre une ligne donnée K soit égale à un poids connu Q : l'impulsion qui résulte perpendiculairement contre FH sera $= \frac{QcV^2q^2r^2}{Kv^2}$.

Comme tous les points de la droite HF souffrent des chocs égaux, la force $\frac{QcV^2q^2r^2}{Kv^2}$ doit être imaginée réunie au point P, milieu de HF. Qu'on prenne PV perpendiculaire à HF pour représenter cette force, & qu'on la décompose en deux autres PN, PZ, l'une horizontale, l'autre verticale; la premiere sera $=\frac{QcV^2q^2r^2}{Kv^2}\times\frac{a}{c}=\frac{QaV^2q^2r^2}{Kv^2}$; la seconde $=\frac{QcV^2q^2r^2}{Kv^2}\times\frac{f}{c}=\frac{QfV^2q^2r^2}{Kv^2}$. Il évident que la force PN tendra, ainsi que la poussée horizontale de l'eau qui naît de la pression, à renverser le mur sur le point E, & que la force PZ tendra, ainsi que le poids du mur & la poussée verticale de l'eau qui naît de la pression, à affermir le même mur sur son pied FE. Or on a trouvé (Art. XII), que le moment de la poussée horizontale de l'eau par rapport au point E $=\frac{pa^3}{6}$; que le moment de la poussée verticale $=\frac{pfza}{2}-\frac{pffa}{6}$; qu'enfin le moment du poids du mur $=$ (à cause qu'on a ici $b=a$, $r=f$) $\frac{\Pi azz}{2}-\frac{\Pi afz}{2}+\frac{\Pi aff}{6}-\frac{\Pi agg}{6}$.

Par conséquent, en supposant que le mur doive avoir une stabilité multiple du nombre m de fois de la stabilité que demanderoit le simple équilibre, & ayant égard aux bras du levier des forces PN, PZ, on aura l'équation

(E) $\frac{mpa^3}{6}+\frac{mqa^2V^2q^2r^2}{2Kv^2}=\frac{pfza}{2}-\frac{pffa}{6}+\frac{\Pi azz}{2}-\frac{\Pi afz}{2}+\frac{\Pi aff}{6}-\frac{\Pi agg}{6}+\frac{QfV^2q^2r^2}{Kv^2}\times\left(z-\frac{f}{2}\right)$, par le moyen de laquelle on déterminera l'inconnue z.

XXIV.

Appliquons cette formule à un exemple. Supposons la hauteur HT ou SQ $=18$ pieds, chacun des taluts FT & QE $=3$ pieds, l'angle ROB (que fait la direction du courant avec le mur, mesuré horizontalement) $=45°$; la vîtesse de l'eau de 4 pieds par seconde; & comme ci-dessus, la pesanteur spécifique de l'eau $=7$, tandis que celle du mur $=12$.

Nous prenons pour principe d'expérience que l'impulsion directe de l'eau ordinaire de riviere pesant 70 livres le pied cube, & mue avec une vîtesse d'un pied par seconde, contre un plan d'un pied quarré en surface, est égale à un poids d'une livre trois onces, ou de $\frac{19}{16}$ onces. Soit converti le poids Q (qui n'est qu'une tranche, parce qu'il ne s'agit ici que de profils), en un rectangle d'eau d'eau qui ait un pied de baſe, & par conſéquent pour hauteur $\frac{\frac{19}{16}}{70}$ pied : on aura $Q = p \times 1$ pied $\times \frac{19}{16 \times 70}$ pieds, $K = 1$ pied.

Sur toutes ces conſidérations, on aura $a = 18$ pieds, $f = g = 3$ pieds, $p = 7$, $\pi = 12$, $\frac{V^2}{v^2} = 16$, $\frac{QV^2}{Kv^2} = p \times \frac{19}{16 \times 70} \times 16$ pieds $= \frac{7 \times 19}{70}$ pieds, $q^2 = \frac{36}{37}$, $r^2 = \frac{1}{2}$.

Subſtituant toutes ces valeurs dans la formule (E), & ſuppoſant que la ſtabilité doive être double de celle que demanderoit l'équilibre, on trouvera que l'inconnue z eſt d'un peu plus de 12 pieds.

On a trouvé (Art. XIII), en n'ayant égard qu'à la ſimple preſſion, que l'épaiſſeur z étoit un peu au deſſous de 12 pieds ; ainſi dans l'hypotheſe préſente, le choc n'ajoute que très-peu de choſe à l'épaiſſeur que demanderoit la ſimple preſſion. Cela ne doit point ſurprendre. Le talut fait que le choc eſt employé en partie à affermir le mur ſur ſon pied. Il peut même ſe faire que dans le cas du choc & de la preſſion, il faille moins d'épaiſſeur que dans le cas de la ſimple preſſion, comme il eſt évident à la ſeule inſpection de la formule (E).

X X V.

La preſſion & le choc des eaux ne ſont pas les ſeuls efforts que les murs de quai ayent à ſoutenir : ils ſont encore preſſés, en un ſens contraire, par les terres contiguës à leur parement intérieur. C'eſt pourquoi il eſt eſſentiel de calculer auſſi leur épaiſſeur relativement à cette derniere force, & de proportionner cette épaiſſeur à la plus puiſſante des deux cauſes oppoſées qui tendent à les renverſer. Nous diſons *la plus puiſſante*, car il ne ſuffiroit pas de déterminer cette épaiſſeur relativement à l'excès de la plus grande ſur la plus petite, tant parce que les terres ne joignent pas toujours exactement le derriere des revêtemens, que parce que lorſqu'elles y ſont toujours contiguës, c'eſt une force qui agit continuellement, au lieu qu'il y a bien des ſaiſons où l'eau ne vient qu'au pied du mur, & où par conſéquent la pouſſée des terres a tout ſon effet ſans éprouver aucune réaction de la part de l'eau.

X X V I.

Quoique nous ayons ſuppoſé dans le problême de l'article XXIV, que le profil du mur étoit le même ſur toute ſa longueur, rien ne sera si facile que d'appliquer la solution aux murs qui ont des contre-forts

Nous observerons, par rapport à la figure de ces contre-forts, qu'ils doivent être rectangulaires, comme EFGH, dans le cas où il y auroit égalité parfaite entre la poussée des terres & celle de l'eau; que dans celui où la poussée de l'eau excéderoit celle des terres, il faut les faire en trapezes ILMN, suivant l'usage ordinaire; & qu'enfin dans le cas où la poussée des terres excéderoit celle de l'eau, il faudroit les faire en queue d'aronde, comme OPQR. Cette derniere forme est celle qui convient aux contre-forts des murs de terrasse. L'usage contraire est vicieux : car il est évident qu'un mur acquiert plus de stabilité à mesure que son centre de gravité s'éloigne du point sur lequel il faudroit qu'il tournât pour être renversé. Quant à la distance qu'il doit y avoir entre les contre-forts, & au rapport de leurs dimensions à celles du mur, nous pensons qu'il faut les faire saillir en dehors du mur de toute l'épaisseur de ce mur à sa base, donner cette même épaisseur entiere au collet OR de la queue d'aronde, le double à sa grande face PQ, & les espacer au collet de maniere qu'il y ait entr'eux deux fois la largeur de ce collet.

FIG. 12.

L'avantage des contre-forts est fondé sur ce que les terres ne pressent pas suivant les mêmes loix que les fluides, & sur l'hypothese que les matériaux, dont le mur est composé, sont assez bien liés entr'eux, pour qu'il ne puisse pas se rompre entre deux contre-forts voisins. Ceci nous conduit naturellement à l'exposition des différentes manieres de construire les murs de quai relativement à la fatigue qu'ils doivent éprouver, & à la qualité du terrein sur lequel on est obligé de les établir.

XXVII.

La figure 13 représente le plan & le profil d'un mur de quai fondé sur le roc avec une crêche ou ris-berme AB en pierres de taille, ce qui est la meilleure construction, lorsque ces ris-bermes doivent être alternativement exposées à l'eau & à l'air. Le profil fait voir comment l'assise inférieure du parement doit être encastrée dans les dalles de la ris-berme, & l'on voit sur le plan que ces dalles ont leurs joints taillés en queue d'aronde.

La figure 14 représente encore le plan & la coupe de la partie inférieure d'un mur de quai, mais avec une ris-berme de charpente sur pilotis & avec palplanches. On emploie cette construction dans les terreins d'une consistence médiocre. Le linteau

A eſt fort utile: outre qu'il fixe & retient la queue des madriers, il prévient les dégradations que les Mariniers font ordinairement au pied des murs avec leurs crocs & ferets.

Quand le fond, ſans être de roc, a cependant une certaine ſolidité, on peut ſe contenter d'un ſeul rang de pilots, comme dans la figure 15, où la ris-berme n'eſt d'ailleurs que pavée à ſec; car le pavé en ciment revenant ſouvent preſqu'auſſi cher que des dalles en pierres de taille, cette derniere conſtruction doit communément être préférée lorſqu'on veut faire la dépenſe du ciment. FIG. 15.

Si le fond étoit tout à fait mauvais, il faudroit multiplier les pilots & en mettre ſous tout le mur. On les met quelquefois même tant plein que vuide, & on prétend ſouvent par ce moyen pouvoir ſe paſſer du bordage de palplanches. Ce bordage eſt cependant le meilleur & même le ſeul moyen de garantir une fondarion des affouillemens. Pour le rendre plus ſolide, on taille les joints des palplanches de maniere qu'elles s'encaſtrent l'une dans l'autre (*fig. 16*): ce qui eſt une très-grande ſujétion, & ſuppoſe d'ailleurs, pour réuſſir parfaitement, un terrein bien doux. On redouble auſſi quelquefois ce bordage, & dans ce cas il faut avoir attention, comme on le voit (fig. 17), de mettre toujours plein ſur joint.

X X V I I I.

Dans les pays où la pierre eſt rare & le bois commun, il eſt d'uſage de revêtir les quais entierement en charpente. Comme on trouve dans les Livres d'Architecture Hydraulique différentes manieres d'aſſembler cette charpente, nous nous contenterons d'indiquer par un plan & un profil (fig. 18), la conſtruction la plus ordinaire de ces ſortes de quais, & nous nous bornerons à deux remarques.

La premiere, c'eſt que les pieces de bois dont les extrêmités s'aſſemblent à tenon, ſont ſujettes, lorſqu'elles ſont fortement preſſées par l'eau ou par toute autre cauſe, à ſe fendre ſur leur épaiſſeur, ainſi que les lignes *a b* l'indiquent dans la fig. 19. On ne peut prévenir cet incident qu'en embraſſant chacune des extrêmités de ces pieces avec une frete de fer *c d* (fig. 20).

La ſeconde remarque eſt, qu'on ne doit pas, par une économie mal entendue, ſe diſpenſer de peindre ou gaudronner les bois qui ſont alternativement expoſés à l'air & à l'eau. Il ne faut pas non plus négliger de mettre dans les enduits des drogues & matieres propres à éloigner ou détruire les différentes eſpeces de vers qui s'attachent au bois, ſuivant ſa nature & le climat. Il eſt auſſi très-bon d'enduire les tenons & même l'intérieur des mortaiſes; mais tout bois qu'on deſtine ainſi à être enduit à ſa ſurface, doit être bien ſec avant cette opération, ſans quoi il s'échaufferoit & ſe pourriroit intérieurement, & l'on s'exposeroit à voir manquer tout-à-coup un ouvrage qui avoit l'apparence de la plus grande ſolidité.

SECTION II. *Des Turcies & Levées.*

X X I X.

On comprend communément ſous ce nom les ouvrages qui ſe font le long de l'*Allier*, du *Cher*, & de la *Loire*, pour préſerver de l'inondation les riches campagnes ſituées ſur les bords de ces rivieres.

On ſent que des murs de quai rempliroient parfaitement cet objet; auſſi y en conſtruit-on beaucoup. Mais on ne peut qu'applaudir aux vues d'économie qui ont fait chercher à y ſuppléer par différentes eſpeces d'ouvrages tous relatifs à la différente fatigue qu'ils doivent eſſuyer, & à d'autres circonſtances locales. On ſe contente donc fort ſouvent de levées en terre bien battue lit par lit, gazonnées du côté de la campagne, & revêtues du côté de l'eau par des glacis en pierres d'échantillon (fig. 21), ou par de ſimples perés en blocaille (fig. 22). Comme les blocaillemens ainſi exposés à l'eau courante, ſont plus fatigués que ceux des chauſſées d'étang, on leur donne plus de talut, & on les fortifie par des chaînes AB qu'on conſtruit avec le plus beau moilon dont on fait auſſi l'aſſiſe inférieure AA, & la ſupérieure BB.

Souvent auſſi on garantit le pied des terres par un rang de pilots (fig. 23), ce qu'on appelle *peré* avec *battis*, ou par une crêche (fig. 24). On voit que les crêches ſont aſſez communément des ouvrages faits après coup contre le pied d'un mur de quai, d'un glacis, ou d'un peré; car dans un ouvrage qu'on feroit entierement à neuf, une ris-berme liée avec le mur ou avec le revêtement eſt toujours préférable à une crêche qui ne ſeroit que plaquée.

X X X.

Lorſque la riviere, dont on veut contenir les eaux dans leur lit par des levées, reçoit quelque autre riviere ou quelque ruiſſeau, on pratique dans ces levées des ponts ou des aqueducs d'une ouverture proportionnée au courant qui y doit paſſer. Mais pour empêcher que lors des crues, les eaux de la principale riviere ne refluent dans les campagnes par ces ouvertures, il faut y placer des portes busquées que le gonflement des eaux de la même riviere retient fermées, jusqu'à ce que les eaux affluentes devenues supérieures, les fassent ouvrir par leur propre poids.

Dans le cas où les crues d'été, dont on veut se préserver, seroient constamment moins hautes que les grandes eaux d'hiver, qui peuvent fertiliser les campagnes par les dépôts qu'elles y laissent, on peut couper les levées par des reversoirs, dont la surface supérieure soit au dessus des crues d'été, mais au dessous de celles d'hiver, ce qui diminuera la hauteur des eaux que les digues auront à soutenir dans cette derniere saison. Mais la construction de ces reversoirs demande la plus grande attention ; lorsque leur hauteur est considérable, & sur-tout lorsqu'on néglige d'en entretenir les jouées, il peut en résulter des accidens sans nombre.

SECTION III. *Des Revêtemens en fascinage.*

XXXI.

Les revêtemens en fascinage qu'on construit le long d'une berge, & auxquels on donne quelquefois improprement le nom d'*épis*, trouvent ici naturellement leur place.

Tout ce que nous avons dit sur l'emplacement & la direction des murs de quai, s'applique aux revêtemens en fascinage. Quant à l'épaisseur de ces revêtemens, comme ils ne sont faits que pour garantir & non pour soutenir les berges, & qu'ils tirent leur force de leur contexture bien plus que de leur pesanteur, c'est un objet entierement étranger au calcul. Cette épaisseur est ordinairement de 9 pieds par le haut, & dépend pour le surplus du talut qu'on veut donner au parement extérieur. L'usage est de donner à ce talut entre une fois & une fois & demie sa hauteur.

On trouve dans l'Architecture Hydraulique de M. *Belidor*, le détail de la construction intérieure de ces sortes d'ouvrages. Ainsi nous nous contenterons d'observer en général, qu'on les affermit par des enracinemens en culées A, & par d'autres en contreforts B (fig. 25) ; que les fascines de leurs fondations CC (fig. 26, 27 & 28) doivent être placées parallélement au parement, celles des tunes DD à l'équerre sur les premieres, & enfin que le gravier, dont on recouvre chaque tune, doit être retenu par des clayons entrelacés autour de forts piquets qu'on enfonce assez avant pour qu'ils traversent au moins deux fascines. FIG. 25, 26, 27 & 28.

Fig. 29. Nous ajouterons que dans le cas où un bâtiment B (fig. 29), placé à la tête d'une isle, empêcheroit d'y faire l'enracinement par lequel il faut toujours commencer un revêtement en fascinage, & forceroit de le conduire contre l'eau, il paroît indispensable de battre une file de pieux DDD sur la ligne du parement de la fondation avant que de la lancer à l'eau. Cette file de pieux seroit très-utile, même dans les cas ordinaires, parce qu'en la couronnant d'un chapeau, on pourroit, à l'aide de quelques pieces de bois appuyées par un bout sur ce chapeau & par l'autre dans la berge, soutenir à flot le bout de la fondation autant de tems qu'on le jugeroit nécessaire ; car on sait qu'on ne peut procurer à ces sortes d'ouvrages la bonne liaison qui leur est si essentielle, qu'en se rendant maître des fondations & des premieres tunes, de maniere qu'elles ne s'enfoncent que successivement & à mesure qu'elles se perfectionnent.

XXXII.

Lorsque le lit du fleuve, à l'endroit qu'on veut revêtir en fascinage, est beaucoup plus bas que le fond des excavations destinées à recevoir les enracinemens, il est impossible qu'il ne reste pas du vuide sous la partie du fascinage que l'on plie pour le faire convenir à ces deux différentes profondeurs. Cet inconvénient mérite que nous proposions un moyen d'y remédier. Ce moyen consisteroit à draguer le fond du fleuve bien de niveau dans cette
Fig. 30. partie, & à y faire échouer une givée ABCD, de maniere que son dessus affleure le fond des excavations AEHI, FNLD destinées à recevoir les enracinemens. On fixeroit ensuite cette givée sur le fond du fleuve, en la lardant de pilots battus au refus, après quoi on feroit le fascinage à l'ordinaire, mais avec beaucoup plus de facilité, parce qu'il se conduira toujours de niveau. Ce sera d'ailleurs une bonne précaution d'en affermir les extrêmités par des atterrissemens que deux petits épis M & O placés, l'un à l'amont, l'autre à l'aval, ne peuvent manquer d'y former. Un plus grand détail nous écarteroit trop de notre sujet. C'est aussi pour cette raison que nous ne donnerons que les desseins sans aucune explication d'un petit tunage sans fondation (fig. 31), & d'un simple revêtement en fascinage (fig. 32).

XXXIII.

Nous ne croyons pas devoir quitter les murs de quai, & les autres ouvrages par lesquels on y supplée, sans dire un mot des moyens encore plus ſimples dont on ſe ſert communément pour empêcher une riviere & un ruiſſeau de ruiner ſes berges. L'uſage le plus général eſt de planter des ſaules nains & des oſiers tout le long, & ſur-tout au pied de la berge qu'on veut conſerver. Ce moyen qui eſt très-avantageux pour celui qui l'employe, eſt très-nuiſible au riverain oppoſé; & lorſque celui-ci prend le même parti, ce qui arrive ſouvent, c'eſt alors le Public qui en ſouffre. Le lit devient ſi étroit, que les héritages ſupérieurs ſont inondés à la moindre crue, & que les eaux s'ouvrent ſouvent un nouveau lit, ce qui eſt la ſource d'une infinité de dégradations & de conteſtations.

Le vrai moyen d'obvier à tous ces inconvéniens ſeroit de fixer une largeur de lit d'après l'inſpection des lieux, & d'après des informations exactes ſur les crues d'eaux, auxquelles la riviere eſt ſujette; de faire mettre enſuite toutes les berges en talut de deux pieds pour pied, & d'obliger tous les riverains à entretenir ces taluts, chacun vis-à-vis ſon héritage. La moindre attention ſuffit pour voir qu'il n'y a rien de ſi facile que de réparer la dégradation H du talut CD, pendant qu'il eſt impoſſible de remédier à la ſappe G qui entraîne néceſſairement, peu de tems après, la chûte de toute la maſſe GAI. FIG. 33.

CHAPITRE III.

Des Jettées.

XXXIV.

Les digues maritimes doivent tenir le premier rang parmi celles de cette eſpece; mais l'Académie ayant principalement en vue celles qui ſe conſtruiſent ſur les rivieres, nous nous contenterons de quelques obſervations ſur les premieres.

L'extrême profondeur de la mer, ſes courans, ſon flux & reflux dans les endroits où elle y eſt ſujette, & ſur-tout les gros tems, ſont autant de cauſes qui exigent encore plus de précautions & de ſolidité dans la conſtruction des ouvrages maritimes que dans ceux qui ſe font communément ſur les rivieres. Mais beaucoup de rivieres ſe jettant dans la mer, on ſent qu'il eſt difficile de fixer le point où les ouvrages commencent à être réputés maritimes. Nous ne nous arrêterons pas à une telle recherche. Ces lignes de séparation, impossibles peut-être à tirer, entre les productions de la nature, ne sont quelquefois pas plus aisées à saisir entre les différentes branches des arts. L'inconvénient, s'il y en a, est plus que compensé par la généralité que cet enchaînement donne aux principes. Tout ce que nous avons dit, & tout ce que nous dirons des digues qui se font le long & au milieu des rivieres, peut donc facilement s'appliquer aux digues maritimes. On construit en effet celles-ci comme les premieres en bonne maçonnerie, en pierres seches & même à pierres perdues, en charpente, en fascinage, &c. On observe seulement, lorsqu'on le croit nécessaire, de les rendre plus solides en augmentant leurs dimensions principales & celles des matériaux dont elles sont composées, & sur-tout en redoublant les revêtemens de palplanches, comme nous l'avons dit (Art. XXVII), & en encastrant les pierres les unes dans les autres, tant pour les joints montans, que pour ceux de lit, comme il est marqué (fig. 34, A).

Quelquefois encore, on redouble le parement en pierre de taille (fig. 34, B). Enfin on relie les pierres, comme on le voit dans la même fig. avec des crampons & des goujons de fer scellés en ciment ou en plomb. Les fers scellés en ciment font quelquefois fendre la pierre en se rouillant. On la fend aussi très-souvent en coulant le plomb, lorsqu'elle n'a pas encore jetté toute son eau. La bonne qualité de la pierre, la grosseur des blocs, & la précision de l'appareil exemptent dans bien des cas d'avoir recours aux crampons & aux goujons, & on les a supprimés pour tous les grands ouvrages qui ont été nouvellement faits dans le département des ponts & chaussées. Il ne paroît cependant pas qu'on puisse les exclure entierement des ouvrages maritimes, principalement de ceux qui sont alternativement exposés au flux & au reflux. Comme on ne peut dans ce cas travailler que par intervalles, on est obligé, pour ne pas perdre en marée haute ce qu'on a fait en marée basse, de donner une solidité de détail qui devient souvent inutile lorsque l'ouvrage est entierement achevé.

Une maniere de bâtir beaucoup plus en usage dans les ports de mer, & principalement sur ceux de la Mediterranée, que sur les rivieres, où l'on s'en sert cependant quelquefois, est la construction par caissons ou par *encaissement*. Les bornes de ce mémoire ne permettant pas d'entrer dans de grands détails à ce sujet, nous nous contenterons de dire que cette maniere de bâtir consiste à faire échouer précisément aux endroits où l'on doit établir l'ouvrage, de grandes caisses de charpente bien étanches. Cela se fait

fait en y laissant entrer l'eau par une vanne pratiquée à cet effet, après quoi on referme cette vanne & on épuise l'eau, ce qui donne la facilité de travailler à sec dans la caisse. Quelquefois on n'introduit point l'eau dans le caisson pour le faire échouer, & il s'enfonce successivement de lui-même à mesure qu'on le remplit de maçonnerie. Il y a eu des ouvrages où les caissons sont restés dans l'eau après la construction, mais plus communément on assemble les flancs des caissons de maniere qu'ils puissent se démonter après que la maçonnerie est achevée, & on les fait servir successivement à plusieurs caissons. On sent toutes les précautions & l'intelligence qu'exige un pareil travail, principalement pour relier ensemble la maçonnerie des caissons successifs, & sur-tout combien il est essentiel de ne laisser échouer ces caissons que sur un fond dragué bien de niveau, & après en avoir enlevé toutes les boues, vases & autres matieres de peu de consistance. Les machines inventées nouvellement pour réceper de niveau les pilots à telle profondeur sous l'eau, qu'on le juge à propos, donnent un nouveau degré de perfection à la construction par encaissement, qui est de la plus grande utilité dans les endroits où il seroit trop coûteux, souvent même impossible de construire des batardeaux.

Quant à l'emplacement & à l'alignement des jettées & des moles, on doit principalement avoir égard à l'étendue qu'on veut donner aux ports & aux rades, à la distance entre les vives eaux & la caisse de la basse mer, à la direction des courants, & sur-tout aux différens rhumbs de vent qui regnent dans les parages où l'on travaille. La profondeur de l'eau & la qualité du sol sont encore des objets qui méritent la plus grande attention, & l'on voit facilement que, toutes choses égales d'ailleurs, il faut choisir l'endroit le moins profond & le terrein le plus solide. Passons aux jettées qui se construisent sur les rivieres.

XXXV.

Le but des jettées qu'on construit sur les rivieres est d'en resserrer le lit, quelquefois pour les rendre navigables, mais plus souvent pour ménager la dépense des eaux & les employer à faire tourner une usine.

La plus simple de ces jettées se construit entre deux isles, telle est AB (fig. 35). Le peu de largeur de l'entrée FG du bras FGHI est principalement ce qui occasionne dans le bras DCE, & même au dessus, le gonflement dont on a besoin pour l'entretien du moulin C; de sorte que si la berge G étoit tendre & par conse- FIG. 35.

quent facile à ronger, cette entrée FG s'élargiroit en très-peu de tems, ce qui rendroit la jettée AB entierement inutile.

Fig. 36. Les jettées, telles que celle PQ (appellées battes dans quelques provinces), qu'on construit sur beaucoup de rivieres navigables, sont sujettes au même inconvénient; & c'est pour y remédier, autant que cela est possible, que les Meûniers sont dans l'usage de les prolonger toujours de plus en plus.

Quelque défectueuses que soient ces jettées relativement à l'objet qu'on se propose en les construisant, & quelque préjudiciables qu'elles soient communément à la navigation, comme on en fait cependant beaucoup, & que ce que nous dirons de leur construction peut s'appliquer à d'autres especes de digues, & principalement à celles qui se font sur les ruisseaux & sur les petites rivieres non navigables, nous allons entrer dans quelques détails à ce sujet.

XXXVI.

La plupart des battes ne sont composées que de deux files de pilots en grume, espacés tant plein que vuide. On couronne chaque file d'un chapeau assemblé, ou seulement chevillé sur les pilotis; & tout l'espace entre les deux files, après avoir été dragué sur environ un pied de profondeur, est rempli en moilons du pays, dont on range les plus gros à la main, joignant les pieux. L'assise supérieure doit aussi être rangée à la main en forme de pavé, ainsi

Fig. 37. que l'indique la fig. 37. Quelquefois même on supprime les chapeaux sur les pilots, & on se contente de jetter la pierre au hasard sans la ranger à la main; comme dans ce cas les pilots n'ont guere que 4 à 5 pouces de diametre, on les bat à la mailloche tant plein que vuide. Souvent on y apporte encore moins de précaution; mais ces sortes de petits ouvrages ne méritent pas la peine que nous nous y arrêtions.

On pourroit, relativement à ce qui a été dit dans les deux premiers Chapitres, faire les paremens en talut & incliner par conséquent les deux files de pieux l'une vers l'autre: telles étoient les grandes jettées de Dunkerque; mais pour les jettées & battes ordinaires, on peut s'en tenir à ce que nous venons de prescrire, ou si l'on vouloit plus de solidité, à ce qui est exprimé par la

Fig. 38. fig. 38; on y a fait un côté avec pal-planches battues derriere des pieux équarris, & l'autre avec un simple vannage appuyé sur des pilots ronds. Cette derniere construction, qui est moins solide que l'autre, est cependant pour l'ordinaire plus que suffisante.

Souvent on ſe contente de garnir le derriere des pilots avec des ſauciſſons, des faſcines, & même avec de ſimples clayes.

Les entre-toiſes DC aſſemblées à queue d'aronde dans les chapeaux, ſont préférables aux entre-toiſes à mentonnet EF, tant parce qu'il eſt plus facile de faire arraſer leur deſſus avec celui du pavé, que parce que les mentonnets ſont ſujets à être accrochés par les bateaux, & même à ſe pourrir.

Il ſuffiroit ſans doute de remplir ces battes en bonne terre graſſe, & elles en ſeroient même plus étanches dans les commencemens; mais d'un autre côté elles ſeroient ſujettes par la ſuite à beaucoup plus de réparations: on peut par conſéquent s'en tenir à l'uſage où l'on eſt de les remplir en pierres & gravier.

Le pavé ſupérieur ſe fait ordinairement à ſec, avec des éclats de la même pierre, forcés à coups de maſſe dans les joints, après quoi il eſt bon de remplir les vuides en gravier; mais ſi on faiſoit tout de ſuite ce pavé ſur forme & à joints de ſable, ces joints ne tarderoient pas à ſe dégrader, & le pavé à être emporté. Au reſte l'eau qui paſſe ordinairement ſur ces jettées ne tombant jamais de bien haut d'un côté à l'autre, leur deſſus n'a pas beſoin d'être conſtruit auſſi ſolidement que celui des reverſoirs qui barrent entierement la riviere.

XXXVII.

La réſiſtance des pilots & des planches ou faſcines, dont les paremens des battes ſont compoſés, compenſe & au de-là le peu de liaiſon qu'il y a entre les pierres dont on les remplit ordinairement. On pourra donc ſans inconvénient déterminer leur épaiſſeur, comme ſi elles étoient conſtruites en bonne maçonnerie. Cette détermination ſe fera très-aiſément par les méthodes expliquées dans les deux Chapitres précédens. On obſervera ſeulement ici qu'il ne faut avoir égard qu'à l'excès de l'effort des eaux contre l'une des faces, ſur l'effort exercé contre la face oppoſée. C'eſt ſur quoi il paroît entierement inutile de s'arrêter plus long-tems.

XXXVIII.

La tête P d'une jettée étant toujours la partie la plus fatiguée, on doit la conſtruire plus ſolidement que le reſte, & même la revêtir en pierres de taille. Comme il eſt d'ailleurs très-eſſentiel de ſouſtraire le plus qu'il eſt poſſible cette même tête à l'effort des eaux, nous allons déterminer la figure qu'elle doit avoir pour remplir cet objet. FIG. 36.

Détermination de la figure la plus avantageuse de la tête d'une jettée.

FIG. 39. Supposons d'abord que la tête de la batte soit divisée en deux parties égales & semblables BAD, *b*AD, par l'axe AD parallele au fil de l'eau. Supposons de plus que toutes les molécules de l'eau se meuvent avec la même vîtesse suivant des directions perpendiculaires à la plus grande largeur B*b* de la tête, ce qui est très-sensiblement vrai, parce que la tête d'une jettée n'occupe jamais une largeur fort considérable sur la riviere. Il s'agit de trouver une courbe BA*b* telle qu'elle souffre la moindre impulsion qu'il est possible de la part du choc de l'eau.

Soient MM', M'M'', deux élements consécutifs de la courbe cherchée, & soient menées aux deux axes AD, BD, les coordonnées perpendiculaires MP, MQ; M'P', M'Q'; M''P'', M''Q''. Il est clair que la courbe demandée doit être telle, que la somme MM'+M'M'', des deux élémens consécutifs MM', M'M'', éprouve une moindre impulsion que la somme MV + VM'' de deux autres lignes quelconques infiniment petites MV, VM'' terminées aux points M & M'' : autrement la courbe AMVM''B éprouveroit une moindre impulsion que la courbe AMM'M''B, ce qui est contraire à l'hypothese. Or les deux élemens MM', M'M souffrent des impulsions perpendiculaires, lesquelles sont exprimées, comme on sait, par $V \times MM' \times \frac{\overline{M'R}^2}{\overline{MM'}^2}$ & par $V \times M'M'' \times \frac{\overline{M''R'}^2}{\overline{M'M''}^2}$, V étant la vîtesse du fluide.

Qu'on décompose chacune de ces forces en deux autres, l'une perpendiculaire à AD, & l'autre parallele à AD. Il est évident que les deux forces perpendiculaires à AD sont détruites par deux forces semblables qui proviennent des impulsions contre *mm'* & contre *m'm''*, & que par conséquent il ne faut avoir égard qu'aux forces paralleles à AD. La premiere est représentée par $V \times MM' \times \frac{\overline{M'R}^2}{\overline{MM'}^2} \times \frac{M'R}{M'M} = \frac{V \times \overline{M'R}^3}{\overline{MM'}^2}$, la seconde par $V \times M'M'' \times \frac{\overline{M''R''}^2}{\overline{M'M''}^2} \times \frac{M''R'}{M'M''} = \frac{V \times \overline{M''R'}^3}{\overline{M'M''}^2}$. On aura donc par la nature du problême, (à cause de V constante), $\frac{\overline{M'R}^3}{\overline{M'M}^2} + \frac{\overline{M''R'}^3}{\overline{M'M''}^2} =$ *minimum.*

Pour déduire de la condition énoncée la nature de la courbe, considérons pour un moment les lignes MM', M'M'' comme finies, & les deux points M, M'' comme fixes & donnés. En faisant MR$=r$, RM'$=s$, MH$=t$, HM''$=z$, il est visible qu'on aura $\frac{s^3}{rr+ss}+\frac{(z-s)^3}{(z-s)^2+(t-r)^2}=$ *minimum.*

Ainsi suivant les regles du calcul différentiel, il faut prendre la différentielle de cette quantité & l'égaler à zéro. Mais avant que de passer à cette équation, on remarquera qu'en vertu de l'hypothese que les deux points M & M'' sont fixés, les quantités t & z sont constantes. De plus il est évident que des deux autres quantités r & s, on peut ne faire varier que la seule quantité r, en supposant pour cela que les deux lignes MM', M''M' doivent se terminer au même point M' de la ligne M'Q' donnée de position, puisqu'il n'y a que la courbe cherchée qui ait la proprieté de rendre l'impulsion sur MM' + M'M'', moindre que l'impulsion sur MV + VM'', le point V étant aussi placé sur la droite M'Q'.

Cela posé, si l'on fait la différentiation proposée suivant r seulement, & qu'on divise par dr, on trouvera

$$\frac{rs^3}{(rr+ss)^2}-\frac{(t-r)(z-s)^3}{((z-s)^2+(t-r)^2)^2}=0.$$

C'est-à-dire $\frac{MR\times\overline{RM'}^3}{\overline{MM'}^4}=\frac{M'R'\times\overline{R'M''}^3}{\overline{M'M''}^4}$.

On voit parlà que la nature de la courbe cherchée, doit être telle que MR & RM', étant respectivement les différentielles de l'abscisse, & de l'ordonnée, le rapport $\frac{MR\times\overline{RM'}^3}{\overline{MM'}^4}$ soit toujours constant. Donc en supposant à l'ordinaire l'abscisse A$p=x$, l'ordonnée P$m=y$, on aura l'équation

$\frac{dx\,dy^3}{(dx^2+dy^2)^2}=n$, n étant un nombre constant.

Soit $dx=z\,dy$, on aura $\frac{z}{(zz+1)^2}=n$; d'où l'on voit que z est aussi un nombre constant. Soit pour abréger $z=m$, on aura $dx=mdy$. Donc en intégrant, $x=A+my$, équation à la ligne droite ; donc BAb eſt un aſſemblage de lignes droites ; & n'eſt point une courbe, comme on l'avoit ſuppoſé avant que de connoître la nature de cette ligne.

Si, outre la condition du *minimum*, on avoit eu encore à remplir celle de *l'Iſoperimetriſme* ou quelque autre équivalente, il auroit fallu prendre trois élémens conſécutifs de la courbe. Alors conſidérant les deux points extrêmes comme fixes, on auroit eu deux conditions pour déterminer la poſition des deux points intermédiaires, & pour parvenir delà à l'equation de la courbe.

XXXIX.

Examinons maintenant qu'elle doit être la poſition des lignes droites qui doivent former la tête de la batte pour éprouver le moindre choc qu'il eſt poſſible.

La queſtion ſe réduit à conſtruire ſur la baſe donnée Bb double de BD, un trapeze BSsb de hauteur donnée AD, & compoſé de deux parties égales & ſemblables BSAD, bsAD, lequel éprouve une moindre impulſion que tout autre trapeze de même baſe & de même hauteur, & diviſé auſſi en deux parties égales & ſemblables par l'axe AD.

Soit menée SL perpendiculaire ſur Bb, & ſuppoſons AD $= a$, DB $= c$, l'indéterminée AS ou DL $= u$. L'impulſion ſur le ſyſtême des deux lignes BS, SA dans le ſens de l'axe AD, ſera proportionnelle à $\frac{(c-u)^3}{a^2+(c-u)^2} + u = minimum$,

donc $\frac{-3(c-u)^2 du}{a^2+(c-u)^2} + \frac{2(c-u)^3 (c-u) du}{(a^2+(c-u)^2)^2} + du = 0$.

D'où l'on tire ſans peine $u = c - a$.

Par-là, on voit que ſi $c = a$, ou ſi AD $=$ BD, la tête de la batte ſera un triangle iſocele, dont chacun des angles à la baſe ſera de 45 degrés. Si $c > a$, on aura BL $=$ SL, & la tête de la batte ſera un trapeze BSsb, dont les deux angles à la baſe B & b ſeront chacun de 45 degrés. Enfin ſi $c < a$, la valeur de u ſera négative ; & comme AS ne peut pas tomber du côté oppoſé, puiſque la tête de la batte ſe trouve au point A par la nature du problême, il s'enſuit qu'on ne pourra tout au plus que mener au point A les droites BA, *b*A, & qu'alors la tête de la batte sera le triangle isocele BA*b*.

Comme on est ordinairement maître de donner à la tête de la batte la saillie qu'on juge à propos, ou de fixer à volonté le rapport des lignes AD, BD, & que d'ailleurs il est très-avantageux de distribuer uniformément le choc de l'eau sur tous les points des faces de la tête, il résulte de ce qu'on vient de dire, que la meilleure forme qu'on puisse lui donner est celle d'un triangle rectangle isocele BA*b*. On doit avoir soin d'armer de fer l'angle A, afin qu'il divise plus facilement les glaces qui viendroient le frapper, & d'arrondir les angles d'épaulement B & *b*, pour diriger plus insensiblement le cours de l'eau le long du parement de la batte.

X L.

Si la tête de la batte, au lieu d'être exposée directement au fil de l'eau, comme on l'a supposé dans les deux articles précédens, avoit une position oblique par rapport au courant, on trouveroit encore, par une analyse pareille à celle de l'article XXXVIII, qu'elle devroit être composée de lignes droites; & cela, soit que le *minimum* d'impulsion résulte des forces entieres que souffrent perpendiculairement tous les points des faces, soit que ce *minimum* résulte des mêmes forces décomposées suivant des directions paralleles à des lignes quelconques données de position. Par-tout la ligne droite se reproduit. On voit encore par-là que, quand il n'y a pas une différence sensible entre les vîtesses des différens filets qui viennent frapper les paremens de la jettée, ces paremens doivent être rectilignes. Il est heureux que la figure rectiligne, qui est la plus commode pour la pratique, soit précisément celle que donne la théorie.

X L I.

Ce principe général posé, pour déterminer la tête d'une batte dont le parement BH fait avec la direction du courant un angle quelconque, on pourra tirer B*b* perpendiculaire à BH, & sur B*b* comme base, construire un triangle BA*b*, dont le côté A*b* soit parallele au fil de l'eau: alors il n'y aura que AB qui en souffre le choc, & il est évident que ce choc sera d'autant moindre que l'angle A sera plus aigu. FIG. 41.

Si on veut que les deux faces AB, A*b* soient frappées, & qu'elles souffrent des chocs perpendiculaires égaux, voici comment on FIG. 42.

trouvera la position de ces lignes, en supposant que le sommet inconnu A doive être distant de la base Bb d'une quantité connue.

Sur Bb toujours perpendiculaire aux parements BH, bh, on imaginera que du point A tombe la perpendiculaire AK ; on tirera BE perpendiculaire à la direction du courant, & du point A on abaissera AE perpendiculaire sur BE. Alors il est clair que l'impulsion perpendiculaire contre AB sera proportionnelle à $AB \times (\textit{sin.}\ BAE)^2$, & que l'impulsion perpendiculaire contre Ab, sera proportionnelle à $Ab \times (\textit{sin.}\ bAE)^2$; il faudra donc déterminer le point K par la condition qu'on ait $AB \times (\textit{sin.}\ BAE)^2 = Ab \times (\textit{sin.}\ bAE)^2$. Soient les connues $AK = a$, $Bb = b$, le sinus total $= 1$, le sinus de l'angle $EBb = q$, son cosinus $= r$, l'inconnue $BK = x$. On aura $AB = \sqrt{aa + xx}$, $\textit{sin.}\ BAK = \frac{BK}{AB} = \frac{x}{\sqrt{aa + xx}}$; & comme l'angle EAK est évidemment égal à l'angle EBb, il s'ensuit par les regles de la trigonométrie, que $\textit{sin.}\ BAE = \frac{qa + rx}{\sqrt{aa + xx}}$. On aura de même $bA = \sqrt{aa + (b - x)^2}$, $\textit{sin.}\ bAK = \frac{bK}{Ab} = \frac{b - x}{\sqrt{aa + (b - x)^2}}$, & par les regles de la trigonométrie, $\textit{sin.}\ bAE = \frac{(b - x)r - qa}{\sqrt{aa + (b - x)^2}}$. Nous avons donc par la condition énoncée ci-dessus. $\sqrt{aa + xx} \times \left(\frac{qa + rx}{\sqrt{aa + xx}}\right)^2 =$

$$\sqrt{aa + (b - x)^2} \times \left(\frac{(b - x)r - qa}{\sqrt{aa + (b - x)^2}}\right)^2,$$

ou bien $\frac{(qa + rx)^2}{\sqrt{aa + xx}} = \frac{((b - x)r - qa)^2}{\sqrt{aa + (b - x)^2}}$, équation de laquelle on tirera l'inconnue x.

XLII.

Fig. 43. Tout ce que nous venons de dire sur la forme & la position des têtes des jettées, s'applique de soi-même aux éperons A qui se font à la tête des isles. Quant à ceux T qu'on construit à la queue des isles, & par lesquels on doit terminer une jettée dont la partie d'aval seroit entierement isolée, l'irrégularité des efforts qu'ils ont à soutenir de la part de l'eau, ne permet pas de leur assigner de forme par le calcul. En effet, les eaux ayant été divisées par l'éperon A, celles qui sont adjacentes à l'éperon T n'ont point de vîtesse de translation : elles sont dormantes dans un certain espace XZY. Les eaux voisines, en venant les choquer, les tiennent par ce choc comme suspendues, & font à leur égard à peu près la fonction des parois d'un vase ; mais comme ces parois ne sont point

point ici des appuis immobiles, qu'au contraire ils changent sans cesse par la succession des molécules d'eau, il est clair qu'il y a une action & une réaction continuelles entre le choc des eaux courantes, & la pression des eaux dormantes; & comme il est impossible que ces deux forces soient constamment dans un équilibre absolu, de leur opposition doivent nécessairement résulter des agitations en toutes sortes de sens dans toute la profondeur des eaux. Ces agitations qui produisent des affouillemens sous l'éperon & qui en dégradent les paremens, sont absolument indéterminables par la Géométrie ; ainsi nous n'entreprendrons point d'assigner la courbe la plus avantageuse pour leur résister. On employera celle qu'on jugera la plus convenable selon les circonstances. Nous nous contenterons de dire que les angles des épaulemens doivent être les moins tranchans qu'il se pourra, tant parce qu'ils en seront plus solides, que parce qu'ils en occasionneront moins de tournoiemens.

CHAPITRE IV.

Des Reversoirs.

XLIII.

Les reversoirs ont pour objet, comme les battes, de faire gonfler l'eau d'une riviere au-dessus d'un moulin ou d'un sas d'écluse ; mais ils en different non-seulement par leur direction, qui est communément moins dans le sens du courant que celle des battes, mais encore parce que ces dernieres laissent en tout tems un libre cours à une partie de l'eau, au lieu que les reversoirs la barrent entierement jusqu'à ce qu'elle ait acquis assez de hauteur pour passer par-dessus. C'est pour cette raison qu'ils sont préférables aux battes qui, comme nous l'avons déja remarqué, ne remplissent que très-imparfaitement l'objet qu'on se propose en les construisant.

XLIV.

Les reversoirs se placent ou en travers de la riviere, comme AB (fig. 44), ou à l'entrée d'un second bras, comme CD (fig. 45). FIG. 44 & 45.
Il se présente à ce sujet deux questions à examiner, la premiere sur l'endroit de la riviere où l'on doit placer le reversoir, la seconde sur la direction qu'on doit lui donner.

Nous répondons à la premiere que lorsqu'on n'est point gêné par d'autres considérations, on doit préférer l'endroit de la riviere le plus large, qui est ordinairement le moins profond; car de deux digues, dont les paremens exposés à l'eau sont égaux en surface, la plus longue exige moins d'épaisseur & consomme par conséquent moins de matériaux. C'est ce qu'on verra aisément par les formules de l'art. X. Si cependant il y avoit peu d'eau à soutenir, comme dans ce cas la digue a ordinairement plus de force & par conséquent plus d'épaisseur qu'il ne lui en faut, on pourroit, pour en diminuer la longueur, choisir l'endroit de la riviere le plus étroit.

Nous observerons, par rapport à la seconde question, que c'est une erreur de placer les digues obliquement au courant dans la vue de diminuer l'effort qu'elles auront à soutenir; car dans le cas de la simple pression, qui est le plus ordinaire, cette pression se faisant toujours perpendiculairement au parement, la digue ne doit pas avoir moins d'épaisseur, quelle que soit son obliquité. Le plus de longueur qui en résulte est donc une dépense en pure perte. Quant aux digues qui seroient en même tems exposées au choc de l'eau, ce choc ajoute si peu à la pression, qu'on ne regagneroit jamais sur l'épaisseur la dépense qu'entraîneroit l'augmentation de longueur; ce qui est d'autant plus vrai, que la maçonnerie du parement est toujours plus coûteuse que celle du remplissage. Ces réflexions conviennent à toutes les digues destinées à barrer un bras de riviere, mais il y a de plus une raison particuliere pour placer les réservoirs à l'équerre sur le lit du fleuve, c'est que toute direction oblique, en rejettant les eaux contre une des berges, tend nécessairement à la détruire.

XLV.

Lorsqu'un reversoir est placé sur une riviere navigable, il faut y pratiquer un pertuis E qu'on ne tient ouvert que pendant le passage des bateaux, & qu'on referme ensuite de différentes manieres, dont l'examen est étranger à cet ouvrage. Nous remarquerons seulement que lorsque la chûte de l'eau excede 3 pieds, le passage d'un pertuis devient très-dangereux, & qu'il conviendroit pour lors de substituer à ce pertuis un sas d'écluse avec tout ce qui en dépend.

XLVI.

L'épaisseur des reversoirs & les taluts de leurs paremens, tant d'amont que d'aval, se déterminent d'après ce qui a été enseigné dans les deux premiers chapitres, en observant qu'un reversoir est souvent chargé d'eau sur toute sa hauteur du côté d'amont, pendant qu'il est à sec à celui d'aval.

XLVII.

Il y a longtems qu'on cherche la courbure qu'il convient de donner au commencement d'un reversoir, afin que ce même couronnement ne soit pas plus fatigué dans un endroit que dans l'autre par les eaux qui coulent dessus, & que de plus les eaux à leur chûte au-delà du reversoir soient amenées insensiblement à une direction horizontale. Cette courbe n'est peut-être pas déterminable en rigueur, si l'on veut avoir égard à toutes les circonstances qui entrent dans la question. Mais nous croyons qu'on parviendra à s'en former quelque idée, au moyen du problême que nous allons résoudre.

Considérons une lame d'eau infiniment mince, ou plutôt un simple filet d'eau composé de molécules qui se succédent les unes aux autres tout le long du couronement du reversoir; & qu'on nous permette de supposer que chaque molécule se meut de la même maniere que si elle étoit seule & qu'elle n'éprouvât par conséquent aucune action, ni réaction de la part des molécules contiguës. Cette supposition n'est pas fort éloignée de la vérité. Quoi qu'il en soit, nous nous proposons de déterminer la courbe que doit décrire chaque molécule regardée comme un corps isolé, de maniere que cette courbe souffre une pression égale dans tous ses points, en supposant la molécule soumise à l'action de la pesanteur & d'un frottement proportionnel au produit de la pression & d'une puissance quelconque de la vîtesse: problême intéressant en lui-même, indépendamment de toute application dont il peut-être susceptible dans la pratique. Il n'est pas parlé dans l'énoncé de ce problême de l'autre propriété qu'il faudroit que la courbe demandée eût d'amener les eaux à une tendance horizontale, parce qu'il peut se faire que cette propriété ne soit pas compatible avec la premiere, & que la chose ne pourra être décidée qu'à la fin de la solution.

Soit AMN la courbe cherchée. Qu'on mene à l'axe vertical AH, les ordonnées quelconques infiniment voisines PM, *pm*; & soit OM le rayon de la développée qui répond au point M. Soit prise la verticale MK pour représenter la pesanteur de la molécule parvenue en M, & soit décomposée cette force en deux autres

MQ, ME, l'une perpendiculaire, l'autre tangente à la courbe.

Supposons
- La gravité . . . . $= g$
- La maſſe de la molécule . . . . . $= m$
- La vîteſſe de m le long de l'élément Mm . $= u$
- AP . . . . $= x$
- PM . . . . $= y$
- MR . . . . $= dx$
- RM . . . . $= dy$
- Mm . . . . $= ds$
- Le rayon OM de la developpée . . . $= R$

Il eſt clair qu'à cauſe des triangles ſemblables MEK, MRm, la force abſolue MQ ou KE, ſera exprimée par $gm\frac{dy}{ds}$, & la force abſolue ME par $gm\frac{dx}{ds}$.

Quelle que puiſſe être la nature de la courbe cherchée, la preſſion que ſouffre le point M perpendiculairement à Mm, eſt toujours égale à la ſomme de la force MQ & de la force centrifuge qu'a la molécule au point M. Ainſi cette preſſion ſera repréſentée par $\frac{gmdy}{ds}+\frac{muu}{R}$; & comme elle doit être la même dans tous les points de la courbe, on l'égalera à une conſtante C, & l'on aura l'équation (A) $\frac{gmdy}{ds}+\frac{muu}{R}=C$.

La maſſe m eſt accélerée dans le ſens Mm par la force ME, & elle eſt retardée par la réſiſtance du frottement qu'il faut regarder comme une force dirigée dans le ſens oppoſé mM. Or le frottement étant une partie déterminée du produit de la preſſion par une puiſſance quelconque de la vîteſſe, il ſera exprimé par $\frac{Cu^n}{p}$ (p étant un nombre poſitif plus grand que l'unité, n un expoſant quelconque). Par conſéquent la force accélératrice abſolue de m le long de Mm ſera $\frac{gmdx}{ds}-\frac{Cu^n}{p}$; & l'on aura, par le principe ordinaire des forces accélératrices, l'équation (B) $mudu=\left(\frac{gmdx}{ds}-\frac{Cu^n}{p}\right)ds$ $=gmdx-\frac{Cu^nds}{p}$.

Il n'eſt plus queſtion que de tirer de ces deux équations la rélation entre x & y.

Qu'on ſubſtitue dans l'équation (A), à la place de R, ſa valeur $\frac{dsdx}{ddy}$ dans laquelle ds eſt ſuppoſé conſtant; on aura (en ſuppoſant pour abréger un peu le calcul, $\frac{C}{m} = a$) $\frac{gdy}{ds} + \frac{uuddy}{dsdx} = a$, ou bien $uu = \frac{adsdx - gdydx}{ddy}$.

Supposons $dy = zds$, & par conséquent aussi $ddy = dzds$: on aura $uu = \frac{adx - gzdx}{dz} = \frac{dx}{dz}(a - gz)$; donc $udu = -\frac{gdx}{2} + \left(\frac{a - gz}{2}\right) d\left(\frac{dx}{dz}\right)$; $u^n = \left(\frac{dx}{dz}\right)^{\frac{n}{2}} (a - gz)^{\frac{n}{2}}$.

Mettons ces valeurs de udu, & de u^n dans l'équation (B); mettons aussi pour ds sa valeur $\frac{dx}{\sqrt{1 - zz}}$, & faisons pour abréger $\frac{C}{pm} = b$: nous aurons $-\frac{gdx}{2} + \left(\frac{a - gz}{2}\right) d\left(\frac{dx}{dz}\right) = gdx - \frac{b \left(\frac{dx}{dz}\right)^{\frac{n}{2}} (a - gz)^{\frac{n}{2}} dx}{\sqrt{1 - zz}}$, ou bien $d\left(\frac{dx}{dz}\right) = \frac{3gdx}{a - gz} - \frac{2b\left(\frac{dx}{dz}\right)^{\frac{n}{2}} (a - gz)^{\frac{n}{2} - 1} dx}{\sqrt{1 - zz}}$.

Supposons $\frac{dx}{dz} = q$, $dx = qdz$, & pour abréger le calcul, prenons $\frac{3g}{gz - a} = -M$, $\frac{2b(a - gz)^{\frac{n}{2} - 1}}{\sqrt{1 - zz}} = N$; on aura la transformée $dq + Mqdz + Nq^{\frac{n}{2} + 1} dz = o$, ou bien $q^{-\left(\frac{n}{2} + 1\right)} dq + Mq^{-\frac{n}{2}} dz + Ndz = o$. Pour rendre cette équation intégrable, on multipliera tous les termes par $c^{\int -\frac{n}{2} Mdz}$ quantité qu'on découvre par des méthodes connues, & dans laquelle c est le nombre dont le logarithme est 1 ; ce qui donnera $q^{-\left(\frac{n}{2} + 1\right)} c^{\int -\frac{n}{2} Mdz} dq + Mq^{-\frac{n}{2}} \times c^{\int -\frac{n}{2} Mdz} dz + Nc^{\int -\frac{n}{2} Mdz} dz = o$, dont l'intégrale est $\frac{-2q^{-\frac{n}{2}} c^{\int -\frac{n}{2} Mdz}}{n} + \int Nc^{\int -\frac{n}{2} Mdz} dz = B$. D'où l'on voit que q est une fonction donnée de z. Soit représentée cette fonction par P, c'est-à-dire, soit $q = P$: on aura $dx = Pdz$; donc x sera aussi une fonction donnée de z. Donc à cause de $dy = \frac{zdx}{\sqrt{1 - zz}}$, y sera encore une fonction de z. Par conséquent les deux coordonnées x & y étant exprimées par le moyen de la même variable z, on pourra construire la courbe demandée.

On ne connoît pas exactement la maniere dont la vîtesse influe sur le frottement. Si l'on supposoit que le frottement fût simplement proportionnel à la pression, on trouveroit, en remontant aux deux équations fondamentales (A) & (B), & en employant la même analyse qu'on emploie lorsqu'il s'agit de trouver la courbe d'*égale pression* dans le vuide, que la courbe cherchée est géométrique. Mais si on suppose avec quelques Auteurs, que le frottement est en raison composée de la pression & de la vîtesse (hypothese qui nous par oîtici préférable à toute autre), on aura $n = 1$, & la courbe demandée sera à peu près telle que nous l'avons représentée dans notre figure. On voit qu'elle tend encore à amener le corpuscule qui descend à une direction horizontale. Malheureusement elle est comme impossible à exécuter dans la pratique, à cause de l'extrême complication des valeurs des coordonnées x & y. De plus il faut observer que la vîtesse initiale étant un des parametres de la courbe, lorsque cette vîtesse vient à changer (ce qui arrive ici continuellement à mesure que les eaux croissent ou baissent), les dimensions de la courbe changent aussi nécessairement, & que par conséquent la courbe individuelle qui convient à un cas, ne convient pas rigoureusement à un autre.

D'après ces remarques, tout ce qu'on peut demander est la construction méchanique ou graphique de quelque courbe qui remplisse l'objet proposé d'une maniere suffisamment exacte pour la pratique : en voici une qui nous paroît avoir cette propriété.

XLVIII.

FIG. 47. La hauteur AB de la digue étant donnée, faites sa largeur AC égale à deux fois & demie cette hauteur AB. Tirez ensuite la ligne de construction CB, & décrivez du centre A & de l'intervalle AB, l'arc BED qui rencontrera CB au point D ; élevez CF perpendiculaire sur CA ; divisez CD en deux également au point G, & élevez la perpendiculaire CH qui coupera CF au point I. De ce point I, comme centre, décrivez l'arc CLD, qui, joint à l'arc DEB, donnera la courbe cherchée CLDEB.

Il est vrai que le frottement est très-considérable le long du parement en talon renversé que donne cette courbe, ce qui force à n'en faire usage que lorsqu'on a des matériaux fort durs, & surtout d'un très-grand échantillon ; mais lorsqu'on en peut trouver de cette qualité, & lorsque la hauteur de la chûte est considérable, il n'y a point à balancer à se servir de la courbe. Le frottement n'a d'autre effet que d'user à la longue le couronnement du reverſoir, ce qui donne la facilité de faire en tems convenable les réparations qu'on croit néceſſaires, au lieu que la chûte de l'eau & ſur-tout des glaçons ſur un plancher horizontal, briſe & détruit ce plancher au moment où on s'y attend le moins, & preſque toujours dans le tems des grandes eaux ou des débacles, de ſorte qu'il eſt ſouvent impoſſible d'y remédier à tems.

Lorſqu'on n'a pas de matériaux des qualités requiſes pour faire un reverſoir en tâlon renverſé ; lorſque la hauteur de la chûte n'eſt pas aſſez conſidérable pour exiger cette dépenſe, & enfin lorſque la hauteur de l'eau ſur le radier eſt en tout tems aſſez forte pour rompre le coup de celle qui tombe, & ſur-tout des glaçons, on peut ſe contenter d'une digue dont les paremens ſoient en talut, d'après ce qui a été dit à ce ſujet ſur les autres digues, & le deſſus en pente, le tout ainſi que la fig. 48 le repréſente. FIG. 48.

Il eſt évident que le deſſus du reverſoir n'éprouve aucune fatigue s'il eſt dirigé ſuivant un talut BE qui ne ſoit pas rencontré par la parabole BF repréſentant la courbe que l'eau décriroit ſi elle étoit abandonnée à elle-même. Si on dirigeoit au contraire ce deſſus ſuivant un talut BG qui rencontrât la parabole au point O, toute la partie OG ſeroit labourée par des ondulations paraboliques qui tendroient à la dégrader ; d'où l'on voit qu'il faut toujours tracer le deſſus d'un reverſoir, de maniere qu'il ne puiſſe pas être rencontré par la parabole que l'eau décrit en tombant.

Si la digue DBEC, enfermée ſous la parabole BF, n'étoit pas aſſez épaiſſe pour ſoutenir les eaux dont elle eſt chargée, il faudroit augmenter ſon épaiſſeur du côté d'amont & faire le deſſus BN de ce repaiſſiſſement de niveau, afin de ne rien changer à la parabole BHQF.

Dans le cas où cette digue DBEC ſeroit ſuffiſante, mais où le talut EB rendroit l'angle EDB trop aigu, il ſeroit très-utile de donner au deſſus du reverſoir la courbure BOH de la parabole.

Il ne reſte donc plus de difficulté que par rapport au choc de l'eau contre le fond CF ou contre le radier, qu'il eſt toujours indiſpenſable d'y conſtruire lorſque le reverſoir n'eſt pas établi ſur le roc. Nous obſerverons à ce ſujet qu'il eſt pour le moins inutile de chercher à ramener les eaux au pied du reverſoir en inclinant de ce côté le radier *de*; car outre que ce radier eſt par ce moyen frappé plus directement, les eaux réfléchies en B, ſuivant un plus grand angle que ſi le radier étoit de niveau, tomberont vers C de plus haut, & y produiront par conſéquent un FIG. 49.

plus grand affouillement. Une pente en ſens contraire produiroit encore plus directement l'affouillement : il faut donc s'en tenir à la poſition horizontale.

XLIX.

Paſſons maintenant à ce qui regarde la conſtruction des reverſoirs relativement au plus ou moins de ſolidité qu'ils doivent avoir ſelon la charge d'eau qu'ils ont à ſoutenir & les matériaux avec leſquels on eſt obligé de les conſtruire, en commençant comme nous avons toujours fait, par les conſtructions les plus ſimples & les moins coûteuſes.

Fig. 50. La figure 50 repréſente la coupe d'un reverſoir ſemblable à ceux qu'on conſtruit ſur les petites rivieres, & lorſqu'on veut épargner la dépenſe.

Fig. 51. On voit (fig. 51), l'élevation & la coupe d'un reverſoir de charpente, avec ſon plancher bronchant AB qui doit s'étendre pluſieurs pieds au de-là de la chûte des plus grandes eaux.

Fig. 52. Le reverſoir repréſenté (fig. 52), eſt établi ſur le roc, & eſt conſtruit en maçonnerie. Si le roc, au lieu de ſe trouver à la ſurface, étoit à pluſieurs pieds de profondeur, comme dans la figure
Fig. 53. 53, il faudroit deſcendre la fondation juſqu'au ſolide, & conſtruire en aval le radier BA, dont la maçonnerie doit être liée avec le corps de la digue, & doit s'étendre, comme le plancher bronchant de la fig. 51, au de-là de la chûte des eaux. Le corroi de glaiſe E ne peut être que de la plus grande utilité. C'eſt une petite dépenſe par rapport à la totalité de l'ouvrage, & l'on ſe repent preſque toujours de ne l'avoir pas faite.

Fig. 54. Dans le cas où l'on voudroit conſtruire un reverſoir en maçonnerie ſur un fond abſolument mauvais (fig. 54), le corroi de glaiſe E eſt encore plus eſſentiel, & il faut établir tant la digue que ſon radier, ſur pilotis avec de bons bordages de pal-planches en amont & en aval, le tout ainſi qu'il eſt exprimé dans la figure 54. La dépenſe d'un plancher de madriers ſur le grillage qui couronne les pilots, ſeroit plus qu'inutile dans cette eſpece d'ouvrage, puiſque ce plancher interromperoit la liaiſon entre la maçonnerie dans les caſes du grillage, & celle de la digue.

Fig. 55. Enfin on voit, fig. 55, la coupe d'un reverſoir dont le deſſus ſeroit formé ſuivant la méthode que nous avons donnée (art. XLVIII). On y a marqué la maniere dont les pierres doivent être appareillées & poſées pour qu'il ne s'y trouve pas d'angle trop maigre, & pour que leur lit inférieur ſoit toujours de niveau.

L.

L.

Un objet de la plus grande importance pour la solidité des reversoirs, est de bien assurer leurs extrêmités par des enracinemens ou culées AB, CD qui doivent s'élever au niveau du dessus des berges, & dont les jouées B & C doivent être construites avec les plus beaux quartiers de pierre reliés & encastrés suivant que les circonstance l'exigeront d'après ce que nous avons dit de la construction des murs de quai, & même de celle des digues maritimes. FIG. 56.

L'observation que nons avons faite sur le danger qu'il y avoit de mettre l'eau contre les digues en terre, sitôt qu'elles sont achevées, doit aussi avoir lieu pour les digues en maçonnerie, & surtout pour les réversoirs. Quantité d'ouvrages de cette espece, très-bien faits d'ailleurs, ont été renversés, parce qu'on s'est trop précipité à cet égard. Il y a à la vérité des circonstances où l'on ne peut faire autrement, comme quand un ouvrage ne se trouve achevé qu'à la fin de l'automne. En ce cas il seroit très-utile de le revêtir en vieilles planches retenues avec un bâtis de charpente, aussi en vieux bois, pour épargner la dépense; car il suffit que ce revêtement puisse passer l'hiver, après quoi l'ouvrage est sauvé, s'il a été construit avec quelque attention.

CHAPITRE V.

Des Epis.

L I.

ON donne quelquefois indifféremment le nom d'épis à toutes les digues, dont l'objet est de conserver les berges d'une riviere, & c'est en ce sens qu'on appelle *épis* le long du Rhin, les revêtemens en fascinages, que nous avons cru devoir placer dans le même chapitre que les murs de quai, parce qu'ils en tiennent réellement lieu dans les endroits où on les construit.

Les épis proprement dits, dont il s'agit ici, sont des bouts de digues AB, CD, EF destinés à modifier le cours d'une riviere, de maniere qu'elle se rétablisse comme d'elle-même dans son premier état, en détruisant les attérissemens & en remplissant les affouillemens que l'irrégularité & la rapidité du courant y ont formés. FIG. 57.

Les épis proprement dits ne sont donc point des ouvrages permanens; & leur objet une fois rempli, on voit que si on les laissoit subsister plus long-tems, les inconvéniens auxquels on auroit remédié sur une rive, ne tarderoient pas à se faire appercevoir sur la rive opposée. On a dû, par cette raison, chercher les moyens de parvenir au même but sans construire à grands frais des ouvrages dont la démolition occasionne peu de tems après une nouvelle dépense. C'est pour cela qu'on se contente souvent de faire échouer à propos quelque vieux bateau qu'on déchire & qu'on retire par morceaux, lorsqu'il a produit l'effet qu'on en attendoit.

Une autre considération vient à l'appui de la précédente, pour construire les épis le plus légerement que la profondeur & la rapidité du courant le permettent; c'est que presque toujours les circonstances cessent d'être les mêmes à mesure que l'épi produit son effet, & varient même d'autant plus promptement qu'il agit avec plus de succès. Les épis ambulants sont en ce cas d'une très-grande utilité.

L I I.

La plupart des épis ambulants ne sont autre chose qu'une givée de fascines qu'on fait échouer où l'on veut, en la chargeant de pierres, & qu'on remet à flot en ôtant ces mêmes pierres, & en attachant le long de son pied des tonneaux vuides & bien bouchés, auxquels on fait prendre fond à l'aide d'un pareil nombre de poulies fixées solidement dans cette givée.

On emploie encore avec succès des pontons semblables à ceux dont on se sert pour faciliter le curement des ports de l'Océan. M. *Belidor* recommande même l'usage du radeau de M. *Castaing*, par rapport à la facilité avec laquelle on peut le transporter & changer sa direction & son talut. Il est vrai que ce radeau a tous ces avantages dans les ports de l'Océan, parce qu'il s'échoue de lui-même en marée basse dans l'endroit où on le conduit à la faveur de la marée haute; mais il n'en est pas de même sur les rivieres où il faudroit le faire assez lourd pour qu'il s'enfonçât par son propre poids, & où on ne pourroit par conséquent le mettre & le retenir à flot qu'à l'aide d'autres radeaux plus légers, ou avec des bateaux & des tonneaux : on sent combien cela en compliqueroit la manœuvre.

L I I I.

Lorsque la trop grande ou trop petite profondeur de l'eau, sa rapidité ou d'autres circonstances ne permettent pas de faire usage des épis ambulants; ou que l'effet que l'on se promet d'un épi doit nécessairement être l'ouvrage de plusieurs années, il faut alors construire un épi dormant & proportionner sa solidité au tems pendant lequel on présume qu'il devra subsister.

Le plus simple & le plus ordinaire des épis dormants est composé d'une file de pilots battus à la sonnette, qu'on est en usage de revêtir du côté d'amont avec un vannage, ou seulement avec des claies. Si le courant étoit plus rapide, on pourroit appuyer ce premier rang de pilots par un second; s'il l'étoit moins, il suffiroit d'adosser le vannage ou les claies contre une ou plusieurs rangées de gabions remplis de pierres ou de gravier, & traversés chacun par un fort piquet qui sert à les fixer où l'on veut.

Quant aux épis qui demandent plus de solidité, on peut avoir recours à ce qui a été dit des autres especes de digues. En effet, il n'y a aucune différence essentielle entre la maniere dont on doit établir les épis en fascines, & celle dont nous avons vu qu'on établissoit les revêtemens de fascinages qui se font le long des berges. Les épis construits par encaissement ont aussi le plus grand rapport avec les ouvrages qu'on fonde par encaissement dans la mer, & enfin les battis doubles, espece d'épis particulierement en usage dans le département des turcies & levées, ne different presqu'en rien des jettées & battes dont il a été traité dans le troisieme chapitre.

L I V.

On pourroit faire un épi très-solide & très-commode, en y employant des chevres de charpente qu'on a la liberté de placer aussi près & aussi éloignées les unes des autres qu'on le juge convenable, pour donner à l'épi une résistance proportionnée à l'effort qu'il doit soutenir. Ces chevres se placent toujours de maniere que leur dos AB soit du côté d'amont. C'est sur ce dos qu'on appuie le vannage ou les claies qui doivent former le parement de l'épi : on donne à ce parement plus ou moins de talut, en alongeant ou raccourcissant les jambes CB, DB, en enterrant plus ou moins la queue A, ou enfin en appliquant sur le dos AB des fourrures plus épaisses par un bout que par l'autre. Le plus grand avantage d'un épi de cette espece, c'est que toutes les pieces dont il est composé étant indépendantes les unes des autres, on peut lui donner telle direction & telle courbure qu'on juge à-propos, & changer cette direction & cette courbure en totalité ou en partie, toutes les fois qu'on le croit nécessaire.

FIG. 58.

Quelque supériorité que l'épi qu'on vient de décrire ait presque toujours sur les autres, les circonstances varient si prodigieusement, qu'il n'y a aucune sorte de construction qui ne puisse trouver sa place ; c'est pour cela qu'avant de passer à ce qui concerne la direction qu'on doit donner aux épis de quelque genre qu'ils soient, nous allons examiner ce qui a rapport à la forme des épis dormants.

L V.

Fig. 57. Un épi qui seroit aussi élevé à sa tête B qu'à sa racine A, intercepteroit une si grande quantité d'eau lors des crues, qu'il en pourroit résulter une infinité d'accidens. Il est vrai que ce seroit un moyen pour raser en bien moins de tems l'atterissement G ; mais comme il vaut mieux reculer de quelque tems l'effet qu'on attend d'un épi, que de s'exposer aux ravages que peuvent faire les eaux lorsqu'elles sont trop resserrées, c'est un très-bon usage de tenir le dessus d'un épi en talut : il travaille par ce moyen en tout tems sans trop retrécir le lit. On comprend assez qu'outre la sujétion qu'il y auroit à construire un épi en pyramide triangulaire, comme EF, il seroit à craincre que la pointe F, & l'arrête EF ne se dégradassent trop facilement.

L V I.

Les eaux étant ordinairement presque aussi hautes au-dessous qu'au dessus d'un épi, & la pression y étant par conséquent à très-peu de chose près la même ; on voit que dans le cas où le genre de construction de cet épi exigeroit qu'on en calculât l'épaisseur, c'est principalement au choc qu'il faudroit avoir égard pour déterminer cette épaisseur qui se trouvera facilement dans tous les cas par les méthodes précédentes.

L V I I.

Fig. 59. Comme les différens filets d'eau paralleles qui viennent frapper un épi AMB adjacent à la rive AO, n'ont pas la même vîtesse dans toute la largeur AF qui répond à cet épi, & que ceux qui sont les plus éloignés de AO peuvent avoir la plus grande vîtesse, c'est un problême utile de déterminer la nature de la courbe qu'il faut donner au plan d'un épi pour que tous les élémens de cette courbe souffrent des chocs égaux.

Soient donc AMB la courbe demandée, AP l'axe des abscisses, PM, *pm* deux ordonnées infiniment voisines.

Supposons

AP	$= x$
PM	$= y$
MR	$= dx$
mR	$= dy$
Mm	$= ds$
La vîtesse du filet KM qui vient frapper le point M	$= Y$

(Y est une fonction de y).

L'impulsion perpendiculaire contre l'élément Mm, est proportionnelle à $Mm \times Y^2 \times \frac{\overline{mR}^2}{\overline{Mm}^2} = \frac{Y^2 dy^2}{ds}$: or puisque tous les élémens de la courbe doivent à égalité de longueur, souffrir des chocs égaux, il s'ensuit qu'on aura $\frac{Y^2 dy}{ds} = Ads$, A étant une constante, cette équation donne $Y^2 dy^2 = Adx^2 + Ady^2$, ou bien $dx\sqrt{A} = dy\sqrt{Y^2 - A}$; donc $x\sqrt{A} + B = \int dy\sqrt{Y^2 - A}$, B étant une seconde constante. Telle est en général l'équation de la courbe AMB; les deux constantes A & B, doivent être déterminées par les deux conditions qu'elle passe par les deux points donnés A & B, c'est-à-dire, de maniere qu'on ait 1°. $y=o$, lorsque $x=o$, 2°. $y=BO$, lorsque $x=AO$.

Il est clair que, lorsqu'on connoîtra par des expériences immédiates dans chaque cas particulier la loi de la fonction Y, c'est-à-dire, la loi suivant laquelle varient les vîtesses des différens filets qui viennent frapper AMB, rien ne sera si facile que de construire cette courbe, soit algébriquement, soit par les quadratures. Il n'est pas moins évident qu'on pourra toujours la mettre en œuvre, quelle que puisse être la direction de l'épi, puisqu'on est maître de la faire passer par tel point B que l'on veut. Elle est principalement avantageuse lorsqu'elle est frappée immédiatement par le courant, c'est ce qui arrive lorsque l'angle HAM est fort obtus. Mais dans les cas où il se forme au-devant de l'épi un amas d'eaux dormantes, elle est assez indifférente, du moins lorsque l'épi est une fois construit.

L V I I I.

Il nous reste maintenant à examiner ce qui concerne la direction des épis, laquelle doit varier d'une infinité de manieres, relativement à la position des affouillemens qu'on veut combler, & à celle des atterissemens qu'on se propose de raser.

Les différens degrés de vîtesse que les eaux d'une riviere acquierent ou perdent à mesure qu'elles augmentent ou qu'elles diminuent ; les modifications que reçoit encore cette vîtesse & même la direction du courant en frappant non-seulement contre les épis, mais encore contre le prisme d'eaux dormantes qui se forme ordinairement au-devant d'un épi rectangulaire, ou contre la pyramide, aussi d'eaux dormantes, qui se forme au même endroit lorsque le dessus de l'épi est en pente, & une infinité d'autres incidens qui se succedent d'un instant à l'autre, sont autant de causes qui rendroient encore plus inutiles que difficiles les calculs qu'on pourroit faire à ce sujet. C'est pour cela que nous nous en tiendrons ici à quelques principes généraux confirmés par l'expérience qu'il faudra combiner relativement aux circonstances où l'on pourra se trouver.

1°. L'effet d'un épi dépend principalement de la vîtesse du courant & de l'ouverture du passage qui reste entre la tête de cet épi & la berge opposée, de sorte que l'angle que l'épi forme avec la berge dans laquelle il s'enracine, est dans beaucoup de circonstances bien moins essentiel qu'on ne le croit communément. C'est ce que nous allons d'abord faire voir pour le cas où le but d'un épi seroit de combler un affouillement par le moyen des dépôts que fait la masse d'eaux dormantes qu'il occasionne.

Fig. 60. Soit AB un épi placé perpendiculairement sur la berge CD : la masse d'eaux dormantes CBDA qui en résulte, restera à peu de chose près la même, quoiqu'on change la direction de cet épi, pourvu que sa tête reste toujours au point B, & que son corps ne sorte point de l'espace CBDA. Il arrivera seulement que la masse d'eaux dormantes diminuera du côté où on aura transporté l'enracinement A, & augmentera de l'autre, de sorte que cette masse entiere sera à l'amont de l'épi, s'il est placé suivant la direction BD, & qu'elle se trouvera au contraire à l'aval du même épi, si on le place suivant la direction CB. Mais si l'on donnoit au même épi une direction GB, en dehors de la masse d'eaux dormantes CBDA, cette masse augmenteroit du côté de l'épi de tout le triangle CGB, & diminueroit vraisemblablement de quelque chose le long le long de la ligne BD, parce que le courant y seroit porté un peu plus directement. Il ne paroît pas qu'en donnant à l'épi la direction BH, cela puisse produire dans les environs de BC le même effet que l'épi placé en GB produit aux environs de BD.

Quant au cas où l'épi auroit pour objet de détruire un attérissement placé quelque part entre F & L, il paroît qu'il seroit encore assez indifférent que cet épi fût placé en CB, en AB, ou en DB; car le parement CB de la masse d'eaux dormantes, occasionnée par l'épi AB, ou par l'épi DB, dirigera le courant vers la berge FL, à peu près de la même maniere que le feroit l'épi lui-même, s'il étoit placé en CB.

2°. Lorſque la maſſe d'eaux dormantes, occaſionnée par un épi EG, peut couvrir en entier l'affouillement qu'on ſe propoſe de combler, & lorſque la riviere n'eſt pas d'ailleurs trop profonde vers le milieu de cet affouillement, l'épi EG eſt préférable aux deux HI & LM, tant parce que leur conſtruction coûteroit vraiſemblablement davantage, que parce qu'il réſulteroit de ces deux épis des attériſſemens O, N, P, Q en dehors de l'affouillement à combler. Si l'épi EG ne pouvoit pas produire une maſſe d'eaux dormantes, auſſi étendue que cet affouillement HELG, il faudroit, au lieu lieu de cet épi EG, faire les deux petits *hi*, *lm*. C'eſt donc dans tous les cas une erreur que de propoſer pour remplir un affouillement deux épis placés en dehors, l'un à l'amont, lautre à l'aval de cet affouillement. FIG. 61.

3°. Quelle que ſoit la direction d'un épi tel que AB, il ne peut gueres ſervir qu'à enlever un attériſſement en angle ſaillant D. Dans le cas où on auroit un attériſſement en longueur HI, un épi EL qui réduiroit la riviere à un canal étroit le long de cet attériſſement, ſeroit le meilleur qu'on pût employer pour le détruire. De petits éperons G, placés le long de ſon parement, accélereroient beaucoup l'opération en rejettant l'eau par caſcades contre l'attériſſement. Sans l'avantage qu'on retire de ces petits éperons, on pourroit ſe contenter de deux épis AB, CD, pourvu qu'ils ne fuſſent pas abſolument trop éloignés l'un de l'autre, car dans ce cas le parement BD de la maſſe d'eaux dormantes, compriſe entre ces deux épis, doit produire à peu de choſe près le même effet qu'un épi placé ſuivant cette ligne BD. FIG. 62.

Il faut avoir ſoin de couper en divers ſens par de petites tranchées les attériſſemens qu'on veut enlever. On a marqué ces tranchées ſur les fig. 62, 63, 64 & 65. Il eſt auſſi très-utile de labourer l'attériſſement toutes les fois que les eaux ſont aſſez baſſes pour le permettre. FIG. 62, 63, 64 & 65.

Les fig. 64 & 65 repréſentent pluſieurs diſpoſitions d'épis qui ont chacune leur avantage, car il y a tant de variétés dans la vîteſſe des fleuves, & ſur-tout dans la conſiſtance de leurs berges, que ce qu'on peut faire de mieux ſur l'un ne convient ſouvent point du tout ſur un autre. C'eſt pour cela que la conduite de ces ſortes d'ouvrages demande, dans ceux qui en ſont chargés, non-ſeulement une expérience conſommée en ce genre, mais même FIG. 64 & 65.

une connoiſſance particuliere de la riviere ſur laquelle on veut travailler.

Différentes manieres de barrer une riviere.

LIX.

Comme pluſieurs Auteurs rangent dans la claſſe des épis les digues deſtinées à barrer entierement un bras de riviere, nous placerons ici ce que nous avons à dire ſur ce ſujet.

La premiere choſe qu'il y ait à faire lorſqu'on veut barrer entierement un bras de riviere, eſt de curer & d'approfondir le lit auquel on veut la reſtreindre. Une autre précaution auſſi eſſentielle & preſque auſſi négligée que la précédente, c'eſt de donner à la digue une épaiſſeur proportionnée à l'augmentation de hau-
FIG. 66. teur d'eau que le barrage occaſionnera néceſſairement. Un épi, tel que GH, conſtruit quelque tems avant que d'entreprendre ce barrage, prépare inſenſiblement l'opération, en approfondiſſant le lit HIL, & en faiſant rehauſſer le fond du bras CDEF qu'on veut barrer.

Quant à l'endroit où l'on doit placer la digue & à la direction qu'on veut lui donner, on peut conſulter ce que nous avons dit à ce ſujet (art. XLIV).

Les choſes ainſi préparées, il faut battre une ou pluſieurs files de pilots contre leſquels on appuyera la digue. Nous diſons que la digue doit être appuyée contre les pilots, car une digue enfermée entre deux rangs de pilots, qu'on remplit ſucceſſivement de terre, ne réuſſit preſque jamais. L'eau reſſerrée dans la derniere partie qui reſte à remplir, creuſe ſi profondément en peu de tems, que les parties joignantes qu'on regardoit comme perfectionnées, ſont ſouvent déracinées & emportées avant que la digue ait pu être achevée. Si l'on étoit abſolument obligé de remplir la digue ſucceſſivement & par parties, il faudroit toujours commencer par l'endroit le plus profond, & finir par l'endroit où il y auroit le moins d'eau, & où elle ſeroit le moins rapide.

Pour l'ordinaire on amene contre les pilots une givée de faſcinages qui tient toute la largeur du lit qu'on veut barrer; on la fait échouer en détachant les tonneaux vuides qui la ſoutenoient à flot, & en la chargeant très-promptement de terre, au moyen des grands amas qu'on en a dû faire le plus près qu'il a été poſſible de ſes extrêmités. On doit auſſi avoir des bateaux chargés de terre & glageaux qu'il faut jetter au pied & en amont de la givée,

vée, & qu'on y affermit avec de grands rabots semblables à ceux qui servent à corroyer le mortier. Ces terres, jettées à l'amont de la givée & que l'eau force à entrer dans les vuides & interstices qui s'y peuvent trouver, sont bien plus utiles que celles qu'on jetteroit derriere, & que l'eau qui filtre à travers la givée entraîneroit au-delà.

On pourroit, si l'ouvrage méritoit cette dépense, faire sur les pilots destinés à soutenir la digue un échaffaud composé de bascules qu'on chargeroit de terre, & qu'on renverseroit toutes ensemble sur la givée au moment où on détacheroit les tonneaux pour lui faire prendre fond.

Il y auroit une autre maniere de barrer un bras de riviere, ce seroit de substituer des chevres pareilles à celles de la figure 58 aux pilots destinés à soutenir la digue, & de construire sur ces chevres mêmes une grande givée dont le pied AB seroit composé de menues branches bien feuillées. Il n'y a aucun doute qu'en coupant en même tems toutes les harres qui la retiendroient & en la faisant glisser promptement d'une seule piece, de maniere que toutes les menues branches se refoulassent sur la ligne *ab* du pied des chevres, cette givée auroit assez de force pour résister à l'eau jusqu'à ce qu'on eût eu le tems de la charger entierement de terre. FIG. 67.

Il faut principalement avoir attention de regarder à l'aval de la digue les endroits par où l'eau commence à s'ouvrir un passage, afin d'y faire promptement porter remede du côté d'amont. Une autre attention non moins essentielle que la précédente, c'est de veiller aux deux extrêmités de la digue par où l'eau s'échappe très-souvent. On prévient cet accident en appuyant chacune de ses extrêmités par un bout de digue A bien enraciné dans les terres. Il faut aussi placer à l'amont de la givée, si-tôt qu'elle est échouée, deux gros fagots de glageaux B, que l'on fixe solidement dans l'angle au moyen du fort piquet qui les traverse. FIG. 68.

Lorsque le fond de la riviere est trop mouvant, il faut avec des dragues à la main ou à chapelet, draguer à 2 ou 3 pieds de profondeur tout le terrein sur lequel on doit asseoir la digue, & même 6 pieds au-devant. On substitue ensuite de la bonne terre glaise aux sables mouvans qu'on a enlevés ; mais pour que cette opération réussisse, il faut draguer par parties & placer au derriere de l'excavation de petits vannages qui empêchent le courant d'enlever la glaise à mesure qu'on la jette.

CHAPITRE VI.

Des Batardeaux.

LX.

QUOIQUE plusieurs des digues, dont il a été parlé, prennent quelquefois le nom de batardeaux, & qu'on le donne même communément aux digues de maçonnerie qui se construisent dans les fossés des places fortifiées, on entend plus généralement par *batardeaux* ces especes de digues provisoires dont l'objet est d'enfermer la partie du fond d'une riviere, d'un lac ou de la mer, qu'on veut mettre & tenir à sec pendant un certain tems, afin d'y construire une vraie digue, un pont ou quelqu'autre ouvrage. C'est de ces batardeaux dont il sera ici question.

LXI.

Le corps d'un batardeau est toujours de terre, & plus communément de celle appellée *glaise* qui est la meilleure, tant par rapport à sa tenacité, que parce qu'elle pese plus que les autres & présente par conséquent plus de résistance à volume égal. Quand on est absolument obligé de se servir de terre légere, il faut faire les batardeaux un peu à l'avance, afin de donner à ces terres le tems de se rasseoir.

Lorsqu'un batardeau a peu de hauteur d'eau à soutenir, comme
Fig. 69. 1 ou 2 pieds, & que d'ailleurs cette eau est dormante; on abandonne quelquefois la terre à elle-même, tel est le batardeau A, fig. 69. Plus souvent cependant on soutient le batardeau du côté de l'ouvrage par de petits pilots, derriere lesquels on met quelques planches ou des claies de saules, comme B (même fig.).

Fig. 70. Communément les batardeaux sont composés de deux rangs de pieux A & B, reliés chacun avec son opposé par une harre CE, en dedans, & contre lesquels on pose des claies CD, EF, après quoi tout l'espace compris entre les claies est rempli de bonne terre grasse, bien corroyée avec les pieds, ou à la dame & au rabot, tant que la profondeur de l'eau est trop grande pour que les hommes puissent s'y mettre.

Il faut sur-tout avoir attention, avant que de mettre la terre dans le batardeau, de bien draguer le fond DF, c'est-à-dire, d'enlever toute la vase, le sable fin & les grosses pierres qui s'y trouvent.

Quelquefois on apporte plus de précautions à la construction des batardeaux. Les pieux équarris A sont couronnés par un chapeau B, & entretenus par une lierne E placée à la hauteur des basses eaux, entaillée à la rencontre des pieux & bien boulonnée avec ces pieux. On met en dedans & contre ces mêmes pieux un vannage de planches de deux pouces d'épaisseur enfoncées de 6 à 8 pouces en terre, & contretenues par des traverses de pareille épaisseur de deux pouces. Avant que de mettre, battre & marcher la glaise derriere les vannages, on relie les chapeaux par des entre-toises CD chevillées sur ces chapeaux, & entaillées à leur rencontre. Fig. 71.

Enfin lorsqu'on veut encore plus de solidité, au lieu d'un simple vannage de deux pouces appuyé en dedans des pieux, on bat entre ces pieux, & sur leur même ligne des pal-planches de quatre pouces d'épaisseur, qu'on fixe & retient entre deux cours de liernes, comme on le voit fig. 72. Fig. 72.

Les batardeaux les plus difficiles à construire sont ceux qui doivent être établis sur le roc vif, dans lequel les pieux ne peuvent par conséquent pas prendre fiche. La fig. 73 représente l'assemblage d'un batardeau qui seroit très-utile en pareille circonstance. Le pieu AB, assemblé à charniere par son pied dans la queue B de la chevre BCD, se met facilement à-plomb : on le maintient dans cette position en coupant de longueur la contre-fiche AC qu'on assemble sur le tas. Les pieux une fois ainsi fixés à-plomb, le reste ne souffre plus aucune difficulté. Fig. 73.

L X I I.

L'épaisseur des batardeaux doit se calculer comme celle des autres digues; nous observerons seulement que lorsqu'on les construit, suivant ce qui est indiqué (fig. 71), & sur-tout lorsqu'ils sont garnis de pal-planches de 4 pouces, la résistance des bois est alors un objet si considérable qu'on peut se contenter de mettre la terre en équilibre avec la pression & le choc de l'eau.

L X I I I.

La hauteur des batardeaux se regle communément d'après les crues ordinaires, de maniere qu'elles ne puissent pas porter l'eau dans l'enceinte. On sent combien la dépense de ces batardeaux seroit considérable sur certaines rivieres, si on vouloit les tenir au-dessus des plus grandes crues. Cela dépend au reste des circonstances locales, de la nature de l'ouvrage qu'on construit, & du plus ou moins d'inconvénient qu'il y auroit à ce qu'il fût submergé.

Lorſque les batardeaux ont beaucoup de hauteur, on eſt ſouvent obligé de les ſoutenir par des arc-boutans. Il auroit mieux valu les conſtruire par gradins ; ces ſortes de batardeaux facilitent la manœuvre, & l'on peut y employer beaucoup de vieux matériaux qui ne pourroient pas ſervir, ſi on faiſoit le batardeau auſſi large par en haut que par en bas.

L X I V.

La forme d'un batardeau & l'étendue qu'il doit occuper, dépendent principalement de la forme & de la grandeur de l'ouvrage qu'on veut y enfermer, du nombre des chapelets ou autres machines à épuiſer qu'il faut y établir, & des manœuvres plus ou moins compliquées & embarraſſantes qu'on aura à y faire. On doit d'ailleurs placer, autant qu'il eſt poſſible, les flancs d'un batardeau parallelement au fil de l'eau, & il faut toujours ménager au courant une entrée & une ſortie facile dans le lit qui lui reſte, en formant des pans coupés & des avant & arriere-bées qu'on peut voir fig. 74. FIG. 74.

Cette figure comprend trois batardeaux ; l'un AB eſt deſtiné à favoriſer l'établiſſement de la fondation d'un mur de quai ; le ſecond DEFG enferme une culée H, & une pile I ; quelquefois on fait entre la pile & la culée un petit contre-batardeau KL. Enfin le troiſieme batardeau MN ne renferme qu'une pile.

Lorſque le courant eſt très-rapide, on le rompt quelquefois par un vannage, tel que OP ou CF, placé en avant & à quelque diſtance du batardeau, ce qui le ſoulage beaucoup.

On doit regarder, avant que de déterminer l'emplacement d'un batardeau, s'il n'y a pas au deſſous quelque atteriſſement qu'il convienne de raſer, & dans ce cas on établit les branches de ce batardeau de maniere qu'il puiſſe en même tems ſervir d'épi. C'eſt cette attention à profiter de toutes les circonſtances, qui diſtingue principalement l'homme intelligent du praticien borné.

FIN.

RECHERCHES SUR LES DIGUES

Planche I.re

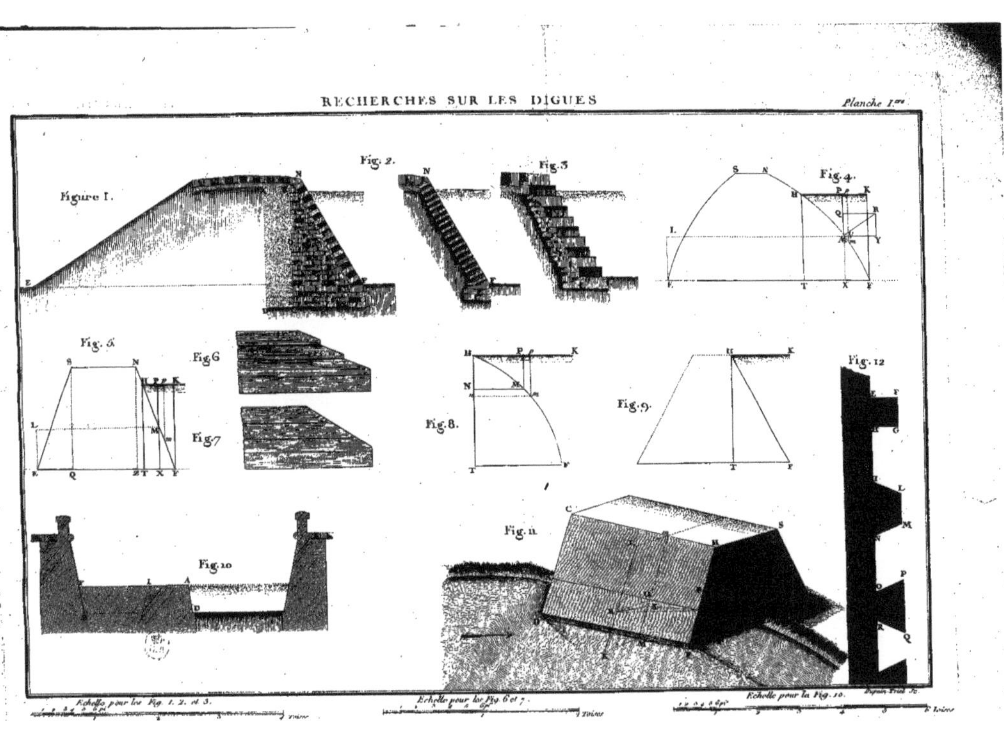

Echelle pour les Fig. 1. 2. et 3.

Echelle pour les Fig. 6 et 7.

Echelle pour la Fig. 10.

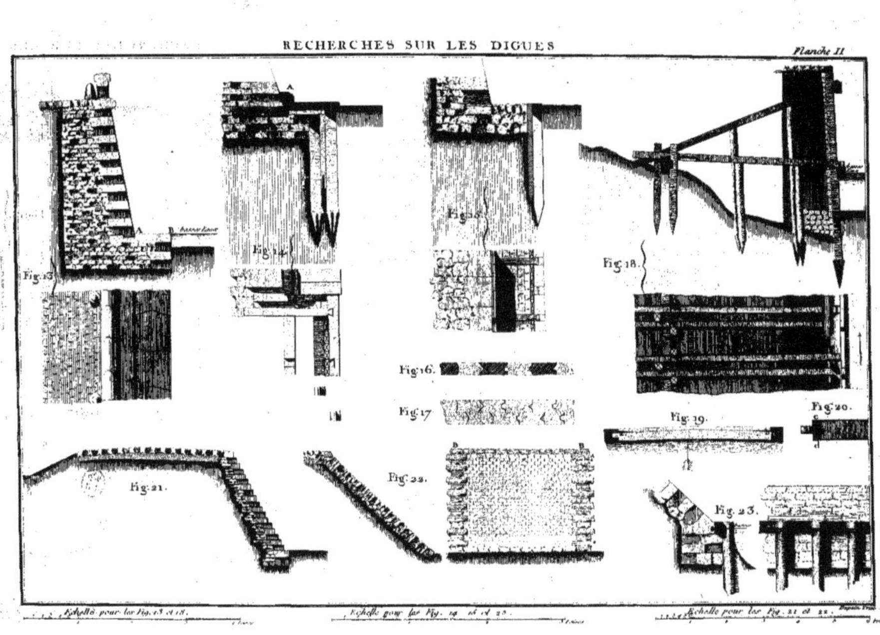
Fig. 13.
Fig. 14.
Fig. 15.
Fig. 16.
Fig. 17.
Fig. 18.
Fig. 19.
Fig. 20.
Fig. 21.
Fig. 22.
Fig. 23.
Echelle pour les Fig. 13 et 18.
Echelle pour les Fig. 14 15 et 20.
Echelle pour les Fig. 21 et 22.

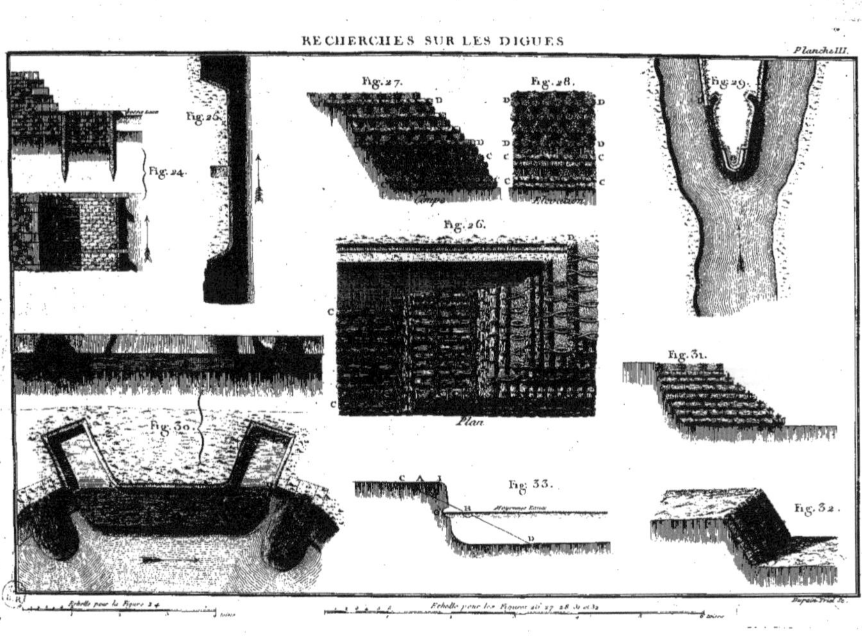
RECHERCHES SUR LES DIGUES
Planche III.
Fig. 24.
Fig. 25.
Fig. 27.
Coupe
Fig. 28.
Elévation
Fig. 29.
Fig. 26.
Plan
Fig. 30.
Fig. 31.
Fig. 33.
Fig. 32.
Echelle pour la Figure 24
Echelle pour les Figures 26, 27, 28, 31 et 32

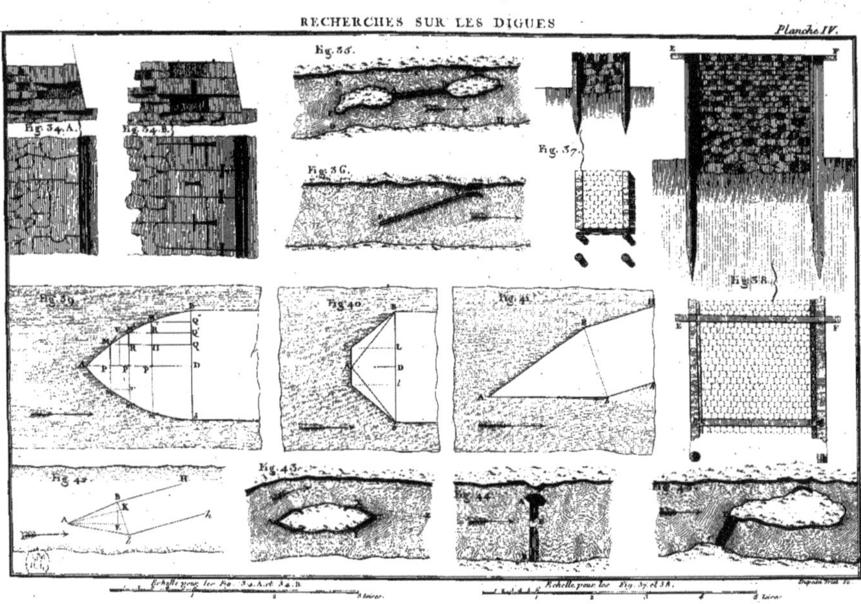
Fig. 34. A.
Fig. 34. B.
Fig. 35.
Fig. 36.
Fig. 37.
Fig. 38.
Fig. 39.
Fig. 40.
Fig. 41.
Fig. 42.
Fig. 43.
Fig. 44.
Echelle pour les Fig. 34. A. et 34. B.
Echelle pour les Fig. 37. et 38.

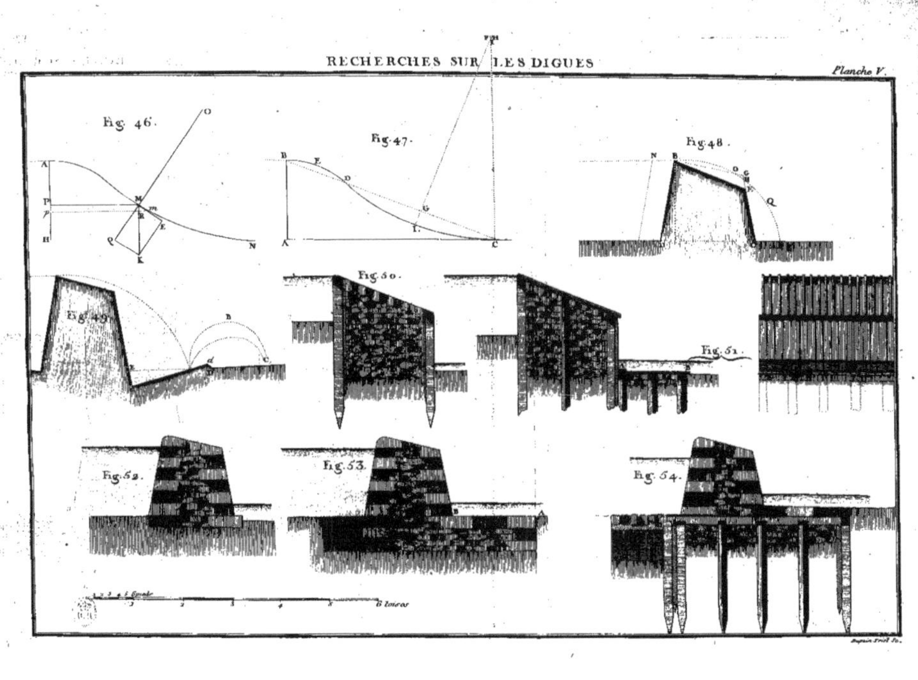
Fig. 46.
Fig. 47.
Fig. 48.
Fig. 49.
Fig. 50.
Fig. 51.
Fig. 52.
Fig. 53.
Fig. 54.

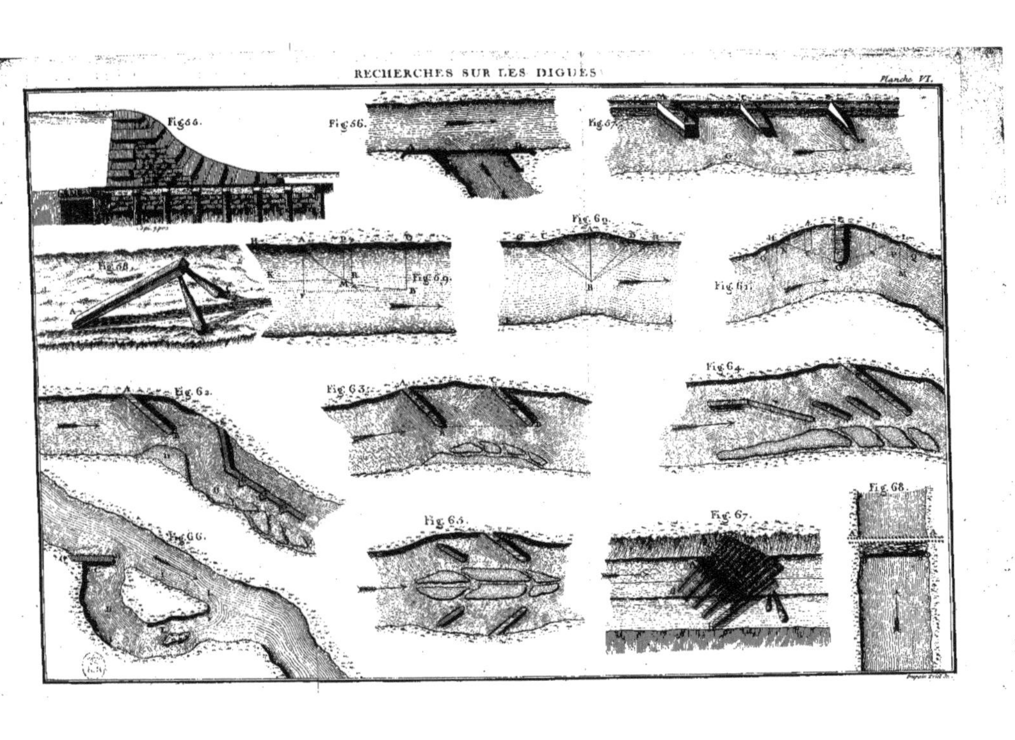
Fig. 55.
Fig. 56.
Fig. 57.
Fig. 58.
Fig. 59.
Fig. 60.
Fig. 61.
Fig. 62.
Fig. 63.
Fig. 64.
Fig. 65.
Fig. 66.
Fig. 67.
Fig. 68.

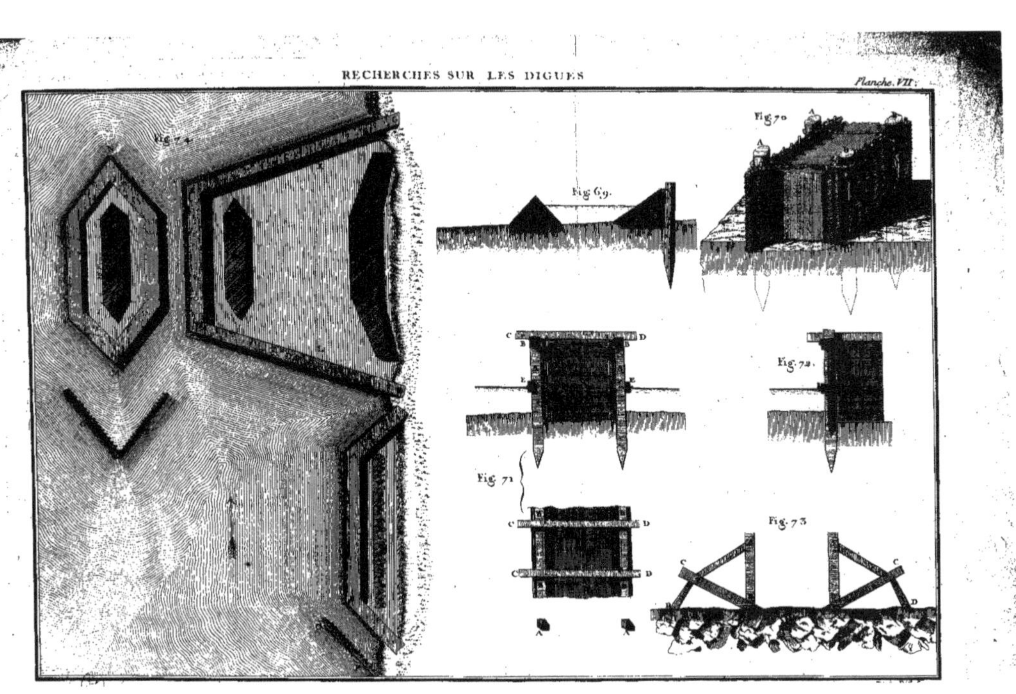
Fig. 74.
Fig. 69.
Fig. 70
Fig. 71
Fig. 72.
Fig. 73

TABLE DES CHAPITRES.

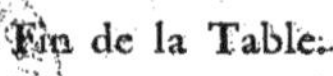

Fin de la Table.

ERRATA.

Cet Ouvrage n'ayant pas été imprimé sous les yeux de ses Auteurs, il s'y est glissé un très-grand nombre de fautes, sur-tout dans les calculs. On va indiquer & corriger les principales.

Page 7, *ligne* 2, réservoirs, *lisez* réversoirs.
Pag. 8, *lig.* 12, de eaux, *lisez* des eaux.
Ibid. *à la marge, vis-à-vis la ligne* 14, Fig. 2, *lisez* Fig. 1.
Pag. 13, *lig.* 22, *on a mis le chiffre* 2 *pour la lettre z.*
Pag. 14, *lig.* 3, $\frac{nbzz}{2}$ *lisez* $\frac{\mathrm{n}bzz}{2}$.
Pag. 16, *lig.* 32, poids comme Q, *lisez* poids connu Q.
Ibid. *lig.* 34, K, *lisez* k.
Pag. 17, *lig.* 25, *dans le dernier terme de l'équation, au lieu de* z^{--1} *lisez* $z^{\frac{1}{}-1}$.
Pag. 18, *lig.* 19, N = O, *lisez* N = o.
Ibid. *à la marge, vis-à-vis la lig.* 22, *mettez* Fig. 9.
Pag. 22, *lig.* 6, e cas, *lisez* le cas.
Ibid. *lig.* 26, $\sqrt{aa \times ff}$, *lisez* $\sqrt{aa + ff}$.
Ibid. *lig.* 27, le sinus total = i, *lisez* le sinus total = 1.
Pag. 24, *lig.* 17, du, *lisez* un.
Ibid. *lig.* 18, du, *lisez* de.
Ibid. *lig.* 20, $\frac{mqa^2 V^2 q^2 r^2}{2Kv^2}$ *lisez* $\frac{mQa^2 V^2 q^2 r^2}{2Kv^2}$.
Pag. 27, *lig.* 32, les lignes *ab* l'indiquent, *lisez* la ligne *ab* l'indique.
Pag. 33, *lig.* 24, caisse, *lisez* laisse.
Pag. 40, *lig.* 8, (*sin.* BAE), *lisez* (*sin.* BAE)^2 (*les* 2 *qui doivent affecter les sinus sont effacés dans tout cet endroit*).
Ibid. *lig.* 19, $\left(\frac{(b-x)r-qa}{\sqrt{aa+(b-x)^2}}\right)$ *lisez* $\left(\frac{(b-x)r-qa}{\sqrt{aa+(b-x)^2}}\right)^2$.
Pag. 42, *lig.* 26, réservoirs, *lisez* réversoirs.
Pag. 43, *lig.* 6, commencement, *lisez* couronnement.
Ibid. *on a oublié de citer à la marge, la* Figure 46.
Pag. 44, *lig.* 8, RM, *lisez* R*m*.
Pag. 52, *lig.* 18, à craincre, *lisez* à craindre.
Pag. 54, *lig.* 34, *supprimez ces mots*, le long, *qui se trouvent répetés.*
Pag. 55, *on a oublié de citer à la marge la* Figure 63.

APPROBATION.

J'AI lu par ordre de Monseigneur le Vice-Chancelier, un manuscrit intitulé : *Recherches sur la construction la plus avantageuse des Digues, &c.* & je pense que son impression ne peut qu'être très-utile au Public, & faire honneur à ses Auteurs. A Paris, le 25 Septembre 1764.

MONTUCLA.

PRIVILEGE DU ROI.

LOUIS, par la grace de Dieu, Roi de France & de Navarre : A nos amés & féaux Conseillers, les Gens tenant nos Cours de Parlement, Maîtres des Requêtes ordinaires de notre Hôtel, Grand-Conseil, Prevôt de Paris, Baillifs, Sénéchaux, leurs Lieutenans Civils, & autres nos Justiciers qu'il appartiendra : SALUT. Notre amé CHARLES-ANTOINE JOMBERT, notre Libraire à Paris, Nous a fait exposer qu'il desireroit faire imprimer & réimprimer des Ouvrages qui ont pour titre : *ARCHITECTURE HYDRAULIQUE ; Bibliotheque portative d'Architecture élémentaire ; Architecture Françoise, par M. Blondel ; Cours d'Architecture de Vignole, par d'Aviler, avec un Dictionnaire des termes d'Architecture, par le même ; Méthode pour apprendre le Dessein, avec des Figures & des Académies ; Anatomie à l'usage des Peintres, par Tortebat ; Géométrie de Le Clerc ; Traité de Stéréotomie, par M. Frezier ; Architecture Moderne ; De la décoration des Edifices, par M. Blondel ; la Théorie & la Pratique du Jardinage, par Alexandre Le Blond ; Œuvres de M. Ozanam ; Œuvres de M. Belidor ; savoir, le Cours de Mathématique, la Science des Ingénieurs, le Bombardier François ; Cours de Science militaire, par M. Le Blond, contenant l'Arithmétique & la Géométrie de l'Officier, la Fortification, l'Artillerie, l'Attaque & la Défense des Places, la Castramétation, la Tactique, &c. Recueil des Pierres gravées du Cabinet du Roi,* s'il nous plaisoit de lui accorder nos Lettres de privilege pour ce nécessaires. A CES CAUSES, voulant favorablement traiter l'Exposant, nous lui avons permis & permettons par ces Présentes, de faire imprimer & réimprimer lesdits Ouvrages, autant de fois que bon lui semblera, & de les vendre, faire vendre & débiter par tout notre Royaume, pendant le tems de dix années consécutives, à compter du jour de la date des Présentes : Faisons défenses à tous Imprimeurs, Libraires & autres personnes, de quelque qualité & condition qu'elles soient, d'en introduire d'impression étrangere dans aucun lieu de notre obéissance : comme aussi d'imprimer ou faire imprimer, vendre, faire vendre, débiter ni contrefaire lesdits Ouvrages, ni d'en faire aucuns extraits, sous quelque prétexte que ce soit, d'augmentation, correction, changemens ou autres, sans la permission expresse & par écrit dudit Exposant, ou de ceux qui auront droit de lui ; à peine de confiscation des exemplaires contrefaits, de trois mille livres d'amende contre chacun des contrevenans, dont un tiers à Nous, un tiers à l'Hôtel-Dieu de Paris, & l'autre tiers audit Exposant, ou à celui qui aura droit de lui, & de tous dépens, dommages & intérêts : à la charge que ces Présentes seront enregistrées tout au long sur le Registre de la Communauté des Imprimeurs & Libraires de Paris, dans trois mois de la date d'icelles ; que l'impression & réimpression desdits Ouvrages sera faite dans notre Royaume, & non ailleurs, en bon papier & beaux caracteres, conformément à la feuille imprimée, attachée pour modele sous le contre-scel des Présentes ; que l'Impétrant se conformera en tout aux Réglemens de la Librairie, & notamment à celui du 10 Avril 1725 ; & qu'avant de les exposer en vente, les manuscrits & imprimés qui auront servi de copie à l'impression & réimpression desdits Ouvrages, seront remis dans le même état où l'Approbation y aura été donnée, ès mains de notre très-cher & féal Chevalier, Chancelier de France, le Sieur DE LAMOIGNON ; & qu'il en sera ensuite remis deux exemplaires de chacun dans notre Bibliotheque publique, un dans celle de notre Château du Louvre, un dans celle dudit Sieur DE LAMOIGNON, & un dans celle de notre très-cher & féal Chevalier Vice-Chancelier & Garde des Sceaux de France, le Sieur De Maupeou ; le tout à peine de nullité des Présentes. Du contenu desquelles vous mandons & enjoignons de faire jouir ledit Exposant ou ses ayans cause, pleinement & paisiblement, sans souffrir qu'il leur soit fait aucun trouble ou empêchement. Voulons que la copie desdites Présentes, qui sera imprimée tout au long au commencement ou à la fin desdits Ouvrages, soit tenue pour duement signifiée ; & qu'aux copies collationnées par l'un de nos amés & féaux Conseillers-Secretaires, foi soit ajoutée comme à l'original. Commandons au premier notre Huissier ou Sergent sur ce requis, de faire, pour l'exécution d'icelles, tous actes requis & nécessaires, sans demander autre permission, & nonobstant clameur de haro, Charte normande, & Lettres à ce contraires ; Car tel est notre plaisir. Donné à Paris, le premier jour du mois de Février, l'an de grace mil sept cent soixante-quatre, & de notre Regne le quarante-neuvieme. Par le Roi en son Conseil.

LE BEGUE.

Registré sur le Registre XVI de la Chambre Royale & Syndicale des Libraires & Imprimeurs de Paris, n°. 115, fol. 61, conformément aux Réglemens de 1723. A Paris, le 6 Février 1764.

LE BRETON, Syndic.

www.ingramcontent.com/pod-product-compliance
Ingram Content Group UK Ltd.
Pitfield, Milton Keynes, MK11 3LW, UK
UKHW021007200726
13857UKWH00004B/1322